项目工程师知识丛书

Fangwu Jianzhu Gongcheng Jishu Jiaodi Shili

房屋建筑工程技术交底实例

李铁军　主编

人民交通出版社股份有限公司
China Communications Press Co.,Ltd.

内 容 提 要

本书系从房建工程结构施工中遴选出16个工序的常用技术交底实例。采用了通用表格形式，直观而清晰地详述了施工方法、操作工艺和质量要求、安全文明措施，具有较强的针对性和可操作性，便于读者阅读和应用。

本书作为项目工程师知识丛书之一，可供从事房屋建筑工程项目施工技术人员、监理人员、检测人员和管理人员参考使用。

图书在版编目(CIP)数据

房屋建筑工程技术交底实例 / 李铁军主编. — 北京：人民交通出版社股份有限公司, 2017.8

ISBN 978-7-114-14064-8

Ⅰ. ①房… Ⅱ. ①李… Ⅲ. ①建筑工程 Ⅳ. ①TU71

中国版本图书馆 CIP 数据核字(2017)第 189780 号

项目工程师知识丛书

书　　名：房屋建筑工程技术交底实例

著 作 者：李铁军

责任编辑：卢晓红　赵瑞琴

出版发行：人民交通出版社股份有限公司

地　　址：(100011)北京市朝阳区安定门外外馆斜街3号

网　　址：http://www.ccpress.com.cn

销售电话：(010)59757973

总 经 销：人民交通出版社股份有限公司发行部

经　　销：各地新华书店

印　　刷：北京盈盛恒通印刷有限公司

开　　本：787×1092　1/16

印　　张：4

字　　数：82千

版　　次：2017年8月　第1版

印　　次：2017年8月　第1次印刷

书　　号：ISBN 978-7-114-14064-8

定　　价：18.00元

(有印刷、装订质量问题的图书由本公司负责调换)

项目工程师知识丛书
编　委　会

房屋建筑工程技术交底实例
编写委员会

主　编：李铁军

副主编：陆文娟　唐　朝

编写人：（按姓氏笔画为序）

于增鹏　王　斌　王　超　王玉贺　王立库

王尚帅　边　茂　刘北平　安俊嵬　杨向国

李　勇　宋奇达　张　辉　张　伟　张亮亮

张海洋　肖　飞　邬守登　钟　琦　贺敬军

唐　朝　黄海龙　黄运客　贾还来

审定人：李红专　杨国良　高成富　陆文娟　王　莹

张　晶　汪　东　袁春玉　李铁军

前　言

《房屋建筑工程技术交底实例》是北京城建道桥建设集团有限公司编制的项目工程师知识系列丛书之一。编写本书的目的是能够更好地推动施工技术的标准化、规范化，提高工程管理人员的技术水平。

本书由北京城建道桥建设集团有限公司、北京城建华泰土木工程有限公司数十位经验丰富的项目总工程师编写而成，是多年施工经验的累积，更是广大工程技术员集体智慧的结晶。

本书内容包括房屋建筑工程结构施工主要的16份常用技术交底。为了达到直观、清晰的效果，编写时采用了通用表格形式，交底以具体工况为基础，从材料准备、作业条件、施工工艺、质量标准、安全绿色施工措施五个方面进行编制。明确了材料的准备、作业前提，详述了施工方法和操作工艺，规定了作业过程的质量要求和工序产品的质量标准，强调了操作过程中的安全文明施工措施。本书结合工程实例编制，具有较强的针对性和可操作性。

在本书编写过程中，得到了有关专家与业内同行的大力支持和帮助，在此表示衷心感谢。

由于编者水平有限，本书难免存在不足之处，恳请读者予以指正。

编　者

2017年6月

目　　录

1 地基钎探施工

技术交底记录		编　　号	
工程名称	×××工程	交底日期	××年××月××日
施工单位	××××	分项工程名称	土方工程
交底提要	地基钎探施工		

交底内容：

基坑为43.6m×18.3m，基坑深度6.7m，钎探基坑布点按照间距不大于1 500mm的原则布置。钎探孔布置示意图见图1-1。

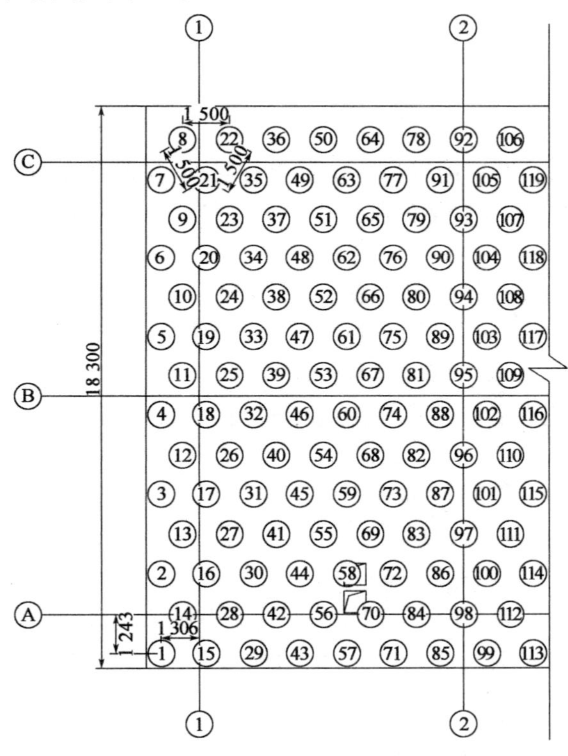

图1-1　钎探孔布置示意图（尺寸单位：mm）

一、施工准备

(1)材料准备：砖、中粗砂、白灰、直径18mm钢筋2m、脚手板。

(2)机具准备：电动钎探机（技术参数见表1-1）、专用钢钎夹具、撬棍、铁锹、手推车、钢卷尺、粉笔等。

电动钎探机技术参数　　表1-1

序　号	项　目	性　能	序　号	项　目	性　能
1	击锤重量	10kg±10g	4	钎长	2.1m
2	击锤落高	500mm±5mm	5	钎杆直径	25mm
3	锤击速度	40~50击/min	6	电源	380V

二、作业条件

(1)地基上部土已挖至基坑(槽)底设计高程以上200mm,地下水至少低于地基高程0.5m,人工挖掘、修整到基底,表面应平整,电梯基坑、集水坑等局部下沉部位坑槽已经挖到位。

(2)建筑轴线位置、基坑(槽)的宽度、长度尺寸经实际测量复核均符合设计及施工方案要求,基槽验线合格。

(3)根据基础平面图绘制钎探孔位平面布置图,确定钎探点位置及顺序编号。

(4)作业面临时配电箱安装完毕。

三、施工工艺

1. 工艺流程

布置钎探点位→打钎→钎孔灌砂。

2. 布置钎探点位

根据钎探点布置图,在对应的钎探点位置撒石灰点,起始点位和换行端点或者钎探期间可能遇大雨等恶劣天气容易被破坏的灰点也可用木桩标识钎探点。

3. 打钎

(1)根据打钎机行走路线铺设脚手板,脚手板应平稳,高度一致。

(2)钎探机就位,调整钎杆尖垂直对准钎位,将钎探机进行临时固定,检查机械各部件、钎杆的300mm标志线、电气接线满足工作要求。

(3)将穿心锤套在钎杆上,扶稳钎杆,启动钎探机使穿心锤自由下落,自由下落距离为500mm。

(4)开始分步打钎,每步300mm,共7步。钎杆每打入土层300mm时,记录一次锤击数,填入地基钎探记录表;每打入300mm均单独计数,不得累计。当遇到密实土层,虽然每次击打钎杆都有所下沉,但一步击数超过100击的,可停止此点下一步钎探,如实计入击数,转入下一点继续钎探;如遇到坚硬异物无法击入,应由技术人员调整钎探点位置重新钎探。

(5)钎杆打到规定深度后,利用钎探机发动机回转,把钎杆从土层中匀速提升出来。钎杆拔出后用砖块盖住钎孔进行保护,防止散土、雨水落入钎探孔,砖块上用粉笔记下钎探点编号以便验槽时复查。解除钎探机的临时固定,钎探机移位,继续下一点打钎作业。

4. 钎孔灌砂

地基验槽合格后及时将所有钎孔用中粗砂灌满;灌砂时,每填入300mm左右可用钢筋棒捣实。

四、质量验收

钎探深度必须符合要求,锤击数记录准确、真实。钎探点位置允许偏差50mm。

五、注意事项

(1)因特殊原因,不能按原定探点钎探时,应请示有关工长或技术负责人,取消钎孔或移位打钎,并应在记录中写明原因和变更后的实际情况。

(2)将钎孔平面布置图上的钎孔与记录表上的钎孔先行对照,发现错误及时修改或补打。

(3)打钎时应按照钎点顺序进行钎探或分成流水段平行向一个方向施工,严禁从一点向四周扩散型打钎。

(4)雨天不得进行钎探施工。

六、安全绿色施工措施

(1)工长、施工班组长等管理人员应加强对基坑边坡的观察,若有异常,应指挥作业人员撤离危险区域。

(2)钎探机接电必须由电工操作;钎探施工过程中,对电缆采取保护措施,防止车辆及其他机械碾压电缆。

(3)电动钎探机运输、安装、移位过程中防止机械倾倒。

(4)机械操作人员应戴绝缘手套操作。

(5)夜间施工时,必须配备足够的照明设施。

(6)使用石灰时不得随意遗撒,未使用的要及时覆盖,防止扬尘污染;遇到大风天气禁止使用石灰。

审核人		交底人		接受交底人	

注:1. 本表由施工单位填写,交底单位与接受交底单位各存一份。

2. 当作分项工程施工技术交底时,应填写“分项工程名称”栏,其他技术交底可不填写。

2 防水保护墙砌筑施工

<table>
<tr><td colspan="2">技术交底记录</td><td>编　　号</td><td></td></tr>
<tr><td>工程名称</td><td>×××工程</td><td>交底日期</td><td>××年××月××日</td></tr>
<tr><td>施工单位</td><td>××××</td><td>分项工程名称</td><td>基础工程</td></tr>
<tr><td>交底提要</td><td colspan="3">防水保护墙砌筑施工</td></tr>
</table>

交底内容：

一、施工准备

（1）材料准备：MU5.0 灰砂砖、砌筑砂浆、抹灰砂浆。

（2）机具准备：砂浆罐、大铲、刨锛、托线板、线坠、小线、卷尺、水平尺、皮数杆、小浆桶、灰槽、扫帚等。

二、作业条件

（1）混凝土垫层强度达到作业要求，表面清理干净。

（2）结构轴线测放完毕，验线合格。

（3）MU5.0 灰砂砖提前一天浇水湿润，砌筑时砖上不能有明水。

三、施工工艺

1. 工艺流程

弹线→砌砖墙→基层清理→抹砂浆找平层。

2. 弹墙身线

确保墙身、抹灰层、防水卷材不影响结构尺寸。

3. 砌砖墙

（1）防水保护墙采用 240mm 厚砖墙砌筑，墙体砌筑高度从垫层顶起砌至高于基础底板上高程 300mm 处，见图 2-1。

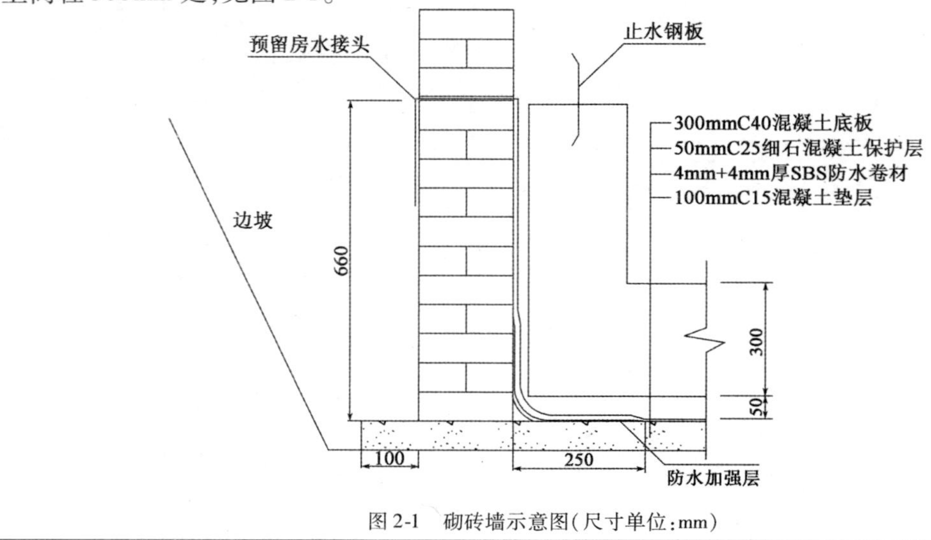

图 2-1　砌砖墙示意图（尺寸单位：mm）

（2）盘角、挂线：砌砖前应先盘角，每次盘角不得超过五层，新盘的大角及时进行吊靠，如有偏差及时修整，盘角时要仔细对照皮数杆的砖层和高程，控制好灰缝，检查符合要求后，挂线砌墙。

（3）砌砖采用“三一砌法”，要求砂浆饱满，无通缝，所用砂浆需随搅随用，水泥砂浆必须在3h内用完。

（4）留槎：根据现场情况，保护墙砌筑需分段进行，在接槎部位留斜槎。

（5）卷材防水施工完毕后，防水接槎部分在其上砌三皮砖作为保护，最上面三皮砖采用低强度砂浆砌筑。

4. 基层清理

防水找平层施工前将基层表面黏附的砂浆、尘土、杂物清理干净。

5. 抹砂浆找平层

（1）水泥砂浆找平层使用1:2水泥砂浆抹面，厚度15mm。

（2）施工时先用大铲和木抹子将砂浆粗抹在墙体上，阴阳角应抹出圆弧，墙根阴角圆弧半径50mm。

（3）粗抹后墙面用刮杠进行找平和初步赶压，使找平层满足厚度、平整度、垂直度的基本要求。

（4）终凝前及时用抹子抹压、赶光，使表面平整光滑。阴阳角也要用圆弧抹子压光、压实。

四、质量标准

1. 主控项目

（1）砖和砂浆的强度等级必须符合设计要求。

（2）砖砌体的转角处和交接处应同时砌筑，对不能同时砌筑而又必须留置的临时间断处应砌成斜槎，斜槎水平投影长度不应小于高度的2/3。

2. 一般项目

（1）砌体上下错缝，左右搭接，横平竖直，厚薄均匀，水平灰缝厚度及竖向灰缝宽度宜为10mm，但不应小于8mm，也不应大于12mm。

（2）允许偏差项目见表2-1。

允许偏差项目　　表2-1

序号	项目	允许偏差（mm）	检验方法
1	表面平整度	8	用2m靠尺和楔形塞尺检查
2	轴线位置	10	尺量
3	抹灰厚度	±4	尺量

五、注意事项

（1）刚砌好的墙体、找平层严禁碰撞。

（2）保护墙与护坡间的空间较小处，在砌墙过程中随砌随用回填土填实。

（3）气温在零度以下时，砖不应浇水湿润。

六、安全绿色施工措施

(1)进入现场人员要严格遵守各项安全规章制度,必须按要求戴好安全帽。

(2)施工人员上下基坑应走专用马道。

(3)运送砖、砂浆、机具等下基坑要设溜槽或使用塔吊及马道运至基坑内,严禁从基坑上向下抛扔材料、机具及杂物等。

(4)工长、施工班组长等管理人员应加强对基坑边坡的观察,检查基坑边坡有无裂缝、沉降、水浸或坍塌等危险隐患,若有异常,应指挥作业人员撤离危险区域;坑下人员休息要远离基坑边,以防不慎。

(5)保护墙砌筑时,作业区相应槽边不得施工作业。

(6)夜间施工时,必须配备足够的照明设施。

(7)砌筑、抹灰时,应及时清除落地灰。

审核人		交底人		接受交底人	

注:1. 本表由施工单位填写,交底单位与接受交底单位各存一份。

2. 当作分项工程施工技术交底时,应填写“分项工程名称”栏,其他技术交底可不填写。

3　基础底板钢筋绑扎施工

<table>
<tr><td colspan="2">技术交底记录</td><td>编　　号</td><td></td></tr>
<tr><td>工程名称</td><td>×××工程</td><td>交底日期</td><td>××年××月××日</td></tr>
<tr><td>施工单位</td><td>××××</td><td>分项工程名称</td><td>钢筋工程</td></tr>
<tr><td>交底提要</td><td colspan="3">基础底板钢筋绑扎施工</td></tr>
<tr><td colspan="4">

交底内容：

筏板厚 800mm，板上下双向通长布置 Φ 16@150 钢筋（见图 3-1、图 3-2），保护层垫块采用混凝土垫块。

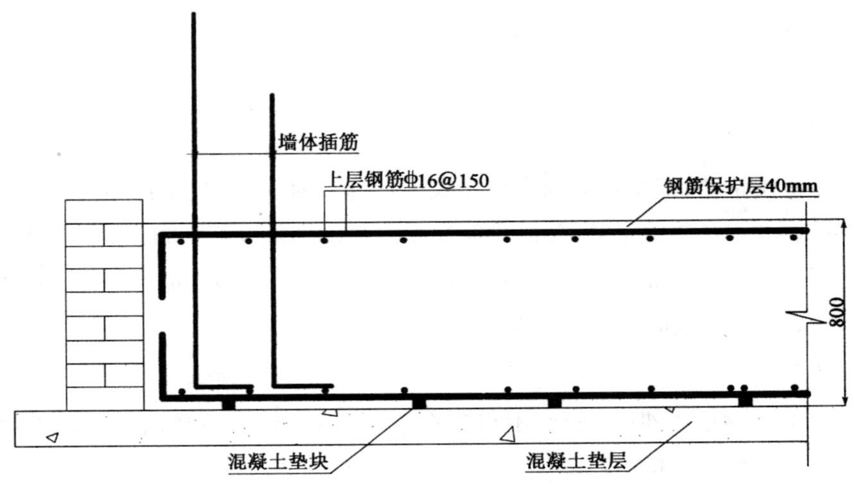

图 3-1　筏板钢筋剖面图（尺寸单位：mm）

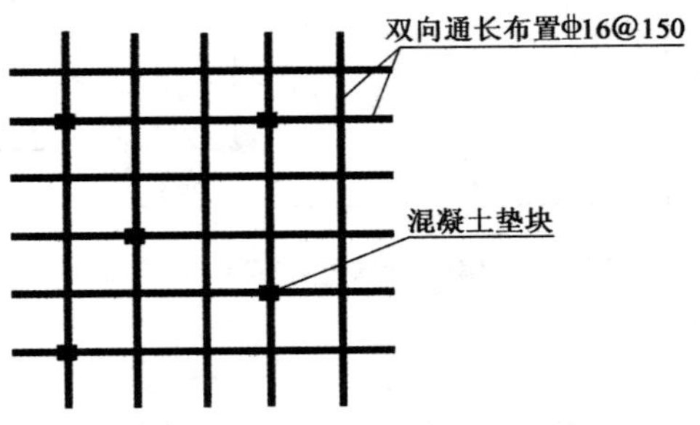

图 3-2　筏板钢筋平面图

一、施工准备

（1）材料准备：型号、尺寸与图纸和配料单一致的钢筋、火烧丝、钢筋马凳、混凝土垫块。

（2）机具准备：钢筋钩子、尺子、钢丝刷子、撬棍、粉笔等。

</td></tr>
</table>

二、作业条件

(1)熟悉图纸,按设计要求检查已加工好的钢筋规格、形状、数量是否正确。

(2)模板安装完并办理预检。

(3)放线工将轴线和梁、墙、柱及洞口位置线放在防水保护层上,并通过验收。

三、施工工艺

1. 工艺流程

弹线→绑扎下层钢筋→绑扎马凳→绑扎上铁钢筋→插筋。

2. 弹线

根据图纸钢筋排布,在防水保护层上弹出基础底板下层钢筋双向位置线和墙、柱插筋位置线。

3. 绑扎下层钢筋

铺设底板下层钢筋,按型号和间距绑扎成形。绑扎时,先绑扎下层钢筋中短跨的钢筋,然后绑扎下层钢筋中长跨的钢筋,每纵横钢筋相交点都必须绑扎牢固,绑扣采用两根火烧丝八字扣绑扎。绑完下层钢筋后马上放上垫块,垫块采用 60mm × 60mm × 40mm 的混凝土垫块,其间距为 800mm × 800mm 梅花形布置。

4. 绑扎马凳

在板底的下层钢筋上绑扎马凳,不得支在混凝土垫层上,马凳钢筋采用⌀14 的钢筋。马凳形式见图 3-3,挑筋长度可以依据钢筋料长度作调节,但支腿间长度不大于 1 200mm。

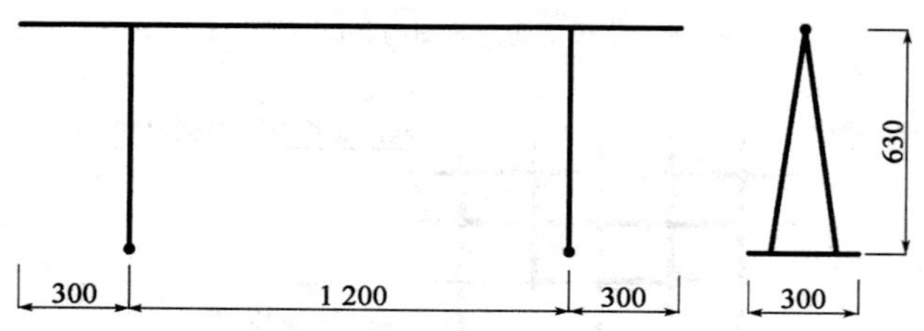

图 3-3　马凳尺寸示意图(尺寸单位:mm)

5. 绑扎上层钢筋

基础底板上层钢筋的接头均采用绑扎搭接,绑扎时用粉笔在钢筋上标识搭接位置及搭接长度,搭接部位绑扣不少于 3 个,起始扣距搭接端头不少于 50mm,钢筋两端头的弯钩朝下垂直于底板面。

6. 墙柱插筋绑扎和定位

根据基层的墙柱位置线,安放墙柱插筋,钢筋插入底板下层钢筋上部,同一截面内钢筋的接头数量均不多于总根数的 50%,且上下错开大于 35d,插筋绑扎牢固。

四、质量标准

1. 主控项目

(1)钢筋安装时,受力钢筋的品牌、规格和数量必须符合设计要求。

(2)钢筋应安装牢固。受力钢筋的安装位置应符合设计要求。

2. 一般项目

钢筋安装偏差及检验方法应符合表3-1规定,受力钢筋保护层厚度的合格点率应达到90%及以上,且不得有超过表中数值1.5倍的尺寸偏差。

钢筋安装允许偏差及检验方法　表3-1

项目		允许偏差(mm)	检验方法
纵向受力钢筋	间距	±10	尺量两端、中间各一点,取最大偏差值
	排距	±5	
纵向受力钢筋、箍筋的混凝土保护层厚度		±10	尺量
预埋件	中心线位置	5	尺量
	水平高差	+3,0	塞尺测量

五、安全绿色施工措施

(1)进入现场人员要严格遵守各项安全规章制度,必须按要求戴好安全帽。

(2)钢筋焊接应采取防风、防雨措施,使用手动、电动工具必须戴绝缘手套,穿绝缘鞋。

(3)绑扎的上层钢筋网上禁止堆放成捆半成品钢筋等材料,防止将钢筋网压塌伤人。

(4)夜间施工应照明充足,接线由专职电工负责,现场电线须架空敷设。

(5)施工现场道路要畅通,排水系统处于良好状态,保持场容整洁,随时将钢筋的下脚料集中放置。

(6)在施工场所产生的垃圾、废屑要及时收集,钢筋的下脚料集中放置,存放在固定地点,统一清运至规定的垃圾集中地。

审核人		交底人		接受交底人	

注:1. 本表由施工单位填写,交底单位与接受交底单位各存一份。

2. 当作分项工程施工技术交底时,应填写"分项工程名称"栏,其他技术交底可不填写。

4 SBS 改性沥青防水卷材施工

<table>
<tr><td colspan="2">技术交底记录</td><td>编　　号</td><td></td></tr>
<tr><td>工程名称</td><td>×××工程</td><td>交底日期</td><td>××年××月××日</td></tr>
<tr><td>施工单位</td><td>××××</td><td>分项工程名称</td><td>防水工程</td></tr>
<tr><td>交底提要</td><td colspan="3">SBS 改性沥青防水卷材施工</td></tr>
</table>

交底内容：

本工程地下室底板、外墙防水层,采用 3mm + 3mm 厚 SBS 改性沥青防水卷材。

一、施工准备

(1)材料准备:3mm SBS 改性沥青防水卷材、冷底子油。

(2)机具准备:喷灯、卷材压子、滚子、裁纸刀、皮卷尺、干粉灭火器等。

二、作业条件

(1)卷材进场检验并复试合格。

(2)基层干燥、平整,无起鼓、凹坑、起砂等明显缺陷,并验收合格。

(3)阴阳角部位倒弧处理完成。

(4)地下室外墙防水层施工前,操作脚手架搭设完成并验收合格。

三、施工工艺

1. 工艺流程

涂刷处理剂→加强层施工→铺贴卷材。

2. 涂刷处理剂

在验收合格的基层上涂刷冷底子油,要均匀一致不漏刷、不堆积。

3. 加强层施工

在阴阳角等特殊部位增加加强层,加强层采用同规格防水卷材,加强层施工必须贴实、贴牢、无空鼓。细部做法见图 4-1。

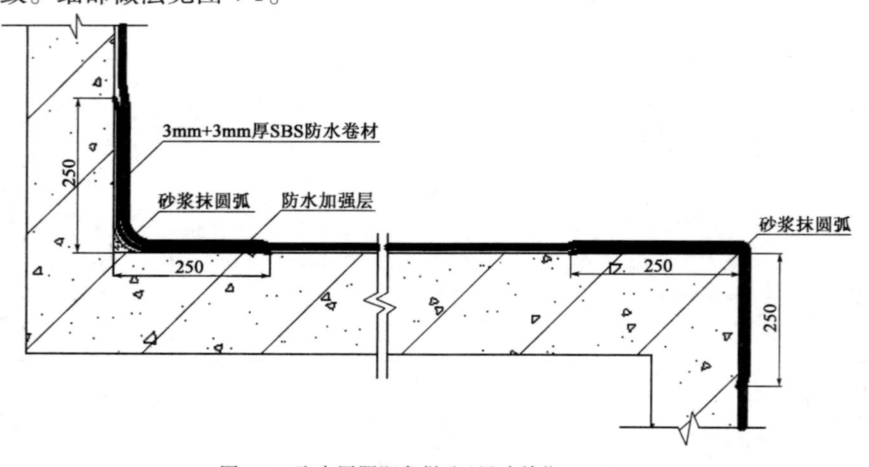

图 4-1　防水层阴阳角做法(尺寸单位:mm)

4. 铺贴卷材

(1)将卷材裁剪成相应尺寸,用喷灯加热基层与卷材黏结面,喷灯距黏结面 300 ~ 500mm,均匀加热至卷材的沥青熔化,及时向前滚铺,并用压滚压实粘牢。滚铺时应排除卷材下面的空气使之平展,不得皱折。

(2)两层卷材铺贴时,上下两层和相邻两层卷材的接缝应错开 1/3 ~ 1/2 幅宽,且两层卷材不得相互垂直铺贴。

(3)搭接宽度为 100mm,将卷材搭接缝处用喷灯加热,以边缘稍挤出热熔的沥青为度,并随即用卷材压子刮封接口。

(4)在立面与平面的转角处,卷材的搭接宜留在平面上,且距离立面不小于 600mm。

四、质量标准

1. 主控项目

(1)卷材防水层所用卷材及其配套材料必须符合设计要求。

(2)卷材防水层在转角处、变形缝、施工缝、穿墙管等部位做法必须符合设计要求。

2. 一般项目

(1)卷材防水层的搭接缝应粘贴牢固,密封严密,不得有扭曲、褶皱、翘边和起泡等缺陷。

(2)采用外防外贴法铺贴卷材防水层时,立面卷材接茬的搭接宽度应为 150mm,且上层卷材应盖过下层卷材。

(3)侧墙卷材防水层的保护层与防水层应结合紧密,保护层厚度符合设计要求。

(4)卷材搭接宽度的允许偏差为 -10mm。

五、安全绿色施工措施

(1)进入现场人员必须戴好安全帽,操作工人必须佩戴劳动保护用品。

(2)防水铺贴高度超过 2m 时,应搭设操作脚手架,架子上铺好脚手板,安全员检查并验收合格。

(3)喷灯远离易燃材料,火焰严禁对着人。

(4)作业现场物料分类堆放、远离火源,堆放场地设置明显防火标志,防火器材设专人保管,按每组 4 个,间距不大于 30m 设置灭火器。

(5)防水卷材施工前须开具动火证。

(6)防水卷材、冷底子油需单独入库存放。

(7)剩余废料运至统一地点,集中处置。

审核人		交底人		接受交底人	

注:1. 本表由施工单位填写,交底单位与接受交底单位各存一份。

2. 当作分项工程施工技术交底时,应填写“分项工程名称”栏,其他技术交底可不填写。

5 钢筋加工

技术交底记录		编　　号	
工程名称	×××工程	交底日期	××年××月××日
施工单位	××××	分项工程名称	钢筋工程
交底提要	钢筋加工		

交底内容：

一、施工准备

(1)材料准备:进场钢筋经复试合格。

(2)机具准备:钢筋调直机、钢筋切断机、钢筋弯曲机、钢筋除锈机等。

二、作业条件

(1)现场钢筋加工厂已按总平面规划方案完成。

(2)钢筋加工机具调试完成。

(3)钢筋加工厂配置电力设施满足加工要求。

三、施工工艺

1. 工艺流程

钢筋下料原则→调直→切断→钢筋弯制→钢筋码放。

2. 钢筋下料原则

(1)下料钢筋应平直,无局部折曲,表面洁净,无油渍漆污和用锤敲击能剥落的浮皮、铁锈等,下料之前必须清除干净。

(2)带有颗粒状或片状生锈的钢筋不得使用。

(3)加工后的钢筋,表面不应有削弱钢筋截面的伤痕。

(4)将同规格钢筋根据不同长度长短搭配,统筹排料;一般应先断长料。

3. 调直

钢筋调直前先进行设备调试,利用冷拉方法调直钢筋时,钢筋的矫直伸长率:Ⅰ级钢筋不得大于2%,Ⅱ级钢筋不得大于1%。

4. 切断

在钢筋切断作业前,应根据断料长度在工作台上测量出挡板位置,挡板安装牢固。在切断过程中,钢筋和切断机刀口垂直,如发现钢筋有劈裂、缩头或严重的弯头等情况,应检查切断机并进行调试至符合要求。

5. 钢筋弯制

(1)检查机械性能、工作台和弯曲机台面保持水平;并准备好各种芯轴工具挡。

(2)按加工钢筋的直径和弯曲机的要求装好芯轴,成型轴,挡铁轴或可变挡架,芯轴直径应为钢筋直径的2.5倍。

(3)检查芯轴,挡块、转盘应无损坏和裂纹,防护罩紧固可靠,经空机运转确认正常方可作业。

(4)作业时,将钢筋需弯的一头插在转盘固定备有的间隙内,另一端紧靠机身固定并用手压紧,检查机身固定。确实安放在挡住钢筋的一侧方可开动。

6. 钢筋码放

钢筋加工成型后应分类码放,码放高度不得超过1.5m,下面应垫方木,并按钢筋加工批次挂钢筋标识牌。

四、质量标准

1. 主控项目

(1)钢筋弯折的弯弧内直径应符合下列规定:

①光圆钢筋,不应小于钢筋直径的2.5倍。

②335MPa级、400MPa级带肋钢筋,不应小于钢筋直径的4倍。

③500MPa级带肋钢筋,当直径为28mm以下时,不应小于钢筋直径的6倍,当直径为28mm以上时不应小于钢筋直径的7倍。

④箍筋弯折处不应小于纵向受力钢筋的直径。

(2)纵向受力钢筋的弯折后平直段长度应符合设计要求。光圆钢筋末端做180°弯钩时,弯钩的平直段长度不应小于钢筋直径的3倍。

(3)箍筋、拉筋的末端应按设计要求做弯钩,应符合下列规定:

①对一般构件,箍筋弯钩的弯折角度不应小于90°,弯折后平直段长度不应小于箍筋直径的5倍;对有抗震设防要求或设计有专门要求的构件,箍筋弯钩的弯折角度不应小于135°,弯折后平直段长度不应小于箍筋直径的10倍。

②圆形箍筋的搭接长度不应小于其受拉锚固长度,且两末端弯钩角度不应小于135°,弯折后平直段长度对一般构件不应小于箍筋直径的5倍,对有抗震设防要求的构件不应小于箍筋直径的10倍。

③梁、柱复合箍筋中的单肢箍筋两端弯钩的弯折角度均不应小于135°,弯折后平直段长度符合本条第1款有关规定。

2. 一般项目

钢筋加工的形状、尺寸符合设计要求,允许偏差符合表5-1的规定。

钢筋加工允许偏差 表5-1

项　　目	允许偏差(mm)
受力钢筋沿长度方向的净尺寸	±10
弯起钢筋的弯折位置	±20
箍筋外廓尺寸	±5

五、安全绿色施工措施

(1)施工现场人员必须戴安全帽,穿绝缘鞋,戴绝缘手套。

(2)钢筋加工机械的电气设备,应有良好的绝缘并接地,每台机械必须实行“一机一闸”制,并设漏电保护开关,开关箱应设在机械设备附近。

(3)钢筋加工机械使用前,应先调试正常后再使用。

(4)使用钢筋弯曲机时,操作人员应站在钢筋活动端的反方向。

(5)粗钢筋切断时,应在切断机口两侧机座上安装两个角钢挡杆。

(6)夜间施工作业时,照明设施应满足安全操作要求。

(7)钢筋加工作业后,应清理场地,关闭电源,锁好开关箱。

审核人		交底人		接受交底人	

注:1. 本表由施工单位填写,交底单位与接受交底单位各存一份。

2. 当作分项工程施工技术交底时,应填写“分项工程名称”栏,其他技术交底可不填写。

6 钢筋直螺纹连接

技术交底记录		编　　号	
工程名称	×××工程	交底日期	××年××月××日
施工单位	××××	分项工程名称	钢筋工程
交底提要	钢筋直螺纹连接		

交底内容：

本工程中直径 $d \geqslant 16$mm 的钢筋采用直螺纹连接，有⏀22、⏀18 两种 HRB400 的钢筋。

一、施工准备

1. 材料准备

⏀22 钢筋、⏀18 钢筋；标准型套筒、丝头保护帽。

以钢筋强度级别≤400 级、标准型套筒为例，直螺纹套筒最小尺寸如表 6-1 所示。

标准型套筒的参考几何尺寸(mm)　　表 6-1

钢筋规格	螺纹尺寸	套筒外径	套筒长度
16	M16.5×2	24±0.5	36±1
18	M19×2.5	27±0.5	41±1
20	M21×2.5	30±0.5	45±1
22	M23×2.5	32.5±0.5	49±1
25	M26×3	37±0.5	56±1
28	M29×3	41.5±0.5	62±1
32	M33×3	47.5±0.5	70±1

套筒材质、螺纹规格及加工精度应满足设计要求并按规定进行生产检验，出厂时有产品合格证。

2. 机具准备

钢筋调直机、无齿锯、钢筋剥肋滚丝机、环通规、环止规、游标卡尺、通端塞规、止端塞规、管钳扳手、力矩扳手等。

二、作业条件

(1)经验收合格的钢筋运至现场。

(2)进场的直螺纹连接套筒应有产品合格证和形式检验报告，两端丝孔有密封盖，套筒表面规格标记，质检员必须进行进场验收。

(3)加工厂及加工设备经技术、安全部门验收合格；丝头加工工人经工艺培训合格，取得上岗证。

(4)所有型号接头工艺检验试件合格。

三、施工工艺

1. 工艺流程

钢筋调直、放样→端头切割→剥肋滚丝→丝头验收→成品保护→钢筋连接。

2. 钢筋调直、放样

钢筋先调直再放样加工。

3. 端头切割

钢筋端部平头使用无齿锯切割，切口端面宜与钢筋轴线垂直，端头有弯曲、马蹄现象的应切去。

4. 剥肋滚丝

（1）按钢筋规格所需调整试棒，调整好滚丝头内孔最小尺寸。

（2）按钢筋规格更换定位盘，并调整好剥肋直径尺寸。

（3）调整剥肋挡块及滚轧行程开关位置，保证剥肋及滚轧螺纹的长度。

（4）装卡钢筋，开动设备进行剥肋及滚压加工。

（5）加工丝头时，采用水溶性切削液，当气温低于0℃时，掺入15% ~20% 亚硝酸钠。严禁用机油做切削液或不加切削液加工丝头。

5. 丝头验收

见质量检查与验收。

6. 成品保护

检验合格的丝头必须在其端头加保护帽，防止螺纹在钢筋搬动或运输过程中被损坏或污染，同时按规格分类码放整齐。

7. 钢筋连接

（1）安装钢筋接头时用管钳（或普通扳手），应使钢筋丝头在套管中央位置相互顶紧。标准型接头安装后的外露螺纹不得超过2P（P为螺距），创“长城杯”工程不超过1P。

（2）安装后应用扭力扳手校核拧紧扭矩。

（3）连接水平钢筋时，必须从一端向另一端依次连接，不得从两端向中间或中间向两端连接。

四、质量检查与验收

1. 连接套筒

（1）合格证及材质证明。

连接套筒应有出厂合格证及质量证明书、连接形式检验报告（形式检验报告不超过4年）。合格证应标明产品的名称、规格、型号、适用钢筋级别、生产批号等信息；质量证明书应包括钢材的材质、规格、套筒外观尺寸、相关参数及偏差、委托检测试验结论等内容。

（2）外观。

套筒螺纹牙型应饱满，表面不得有裂纹，表面及内螺纹不得有严重的锈蚀及其他肉眼可见的缺陷，外圆及内孔应有倒角，标记完整（完整的标记和厂家代号、生产批号）。

2. 丝头加工

(1)外形质量。

丝头有效螺纹数量不得少于规定,标准型接头的丝头有效螺纹长度应不小于1/2连接套筒长度,且允许误差为0 ~ +2P;其他连接形式应符合产品设计要求。见图6-1。

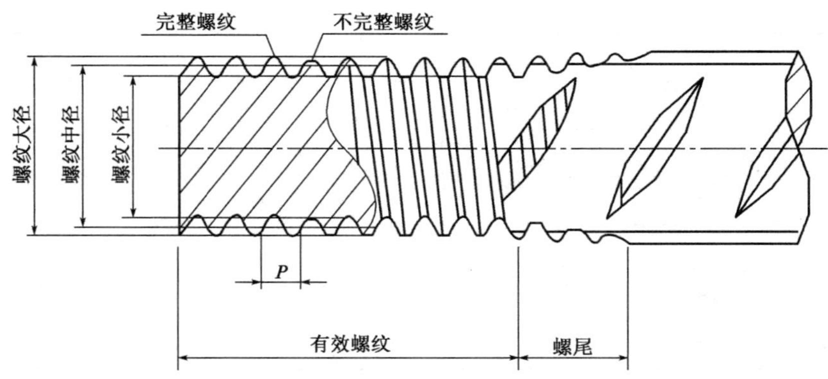

图6-1　丝头螺纹图

(2)检验。

丝头加工班组对加工丝头100%自检合格,施工单位质检员对班组自检合格的丝头随机抽样进行检验,以同一个工作班加工丝头为一个检验批,抽检频率为10%且不少于10个,抽检合格率不应小于95%,当抽检合格率小于95%时,质检员对全部丝头100%检验,合格后方可使用。丝头检验应由施工单位质检员填写《钢筋接头加工质量检查记录表》。

直螺纹量规检验,通规应能顺利地旋入并达到要求的拧入长度,止规旋入长度不得超过3P。螺纹检验示意图见图6-2。

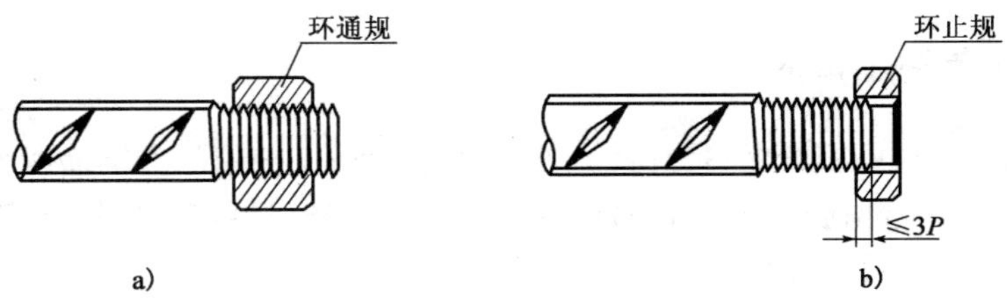

图6-2　螺纹检验示意图

3. 丝头连接

(1)工艺检验。

正式连接施工前,按同批钢筋原材、同等级、同形式、同规格、同一连接操作人,进行连接工艺检验,工艺检验合格方可进行正式连接操作。

(2)外观和拧紧力矩检验。

①钢筋连接完毕后,标准型接头连接套筒外应有外露有效螺纹,且连接套单边外露有效螺纹不得超过2P(创“长城杯”工程不超过1P)。

②施工单位质检员应对接头质量逐个自检,合格的以蓝点标记,并抽取10%的接头进行拧紧扭矩校核,拧紧扭矩值不小于表6-2的规定。力矩合格的以黄点标记。拧紧扭矩值

不合格数超过被校核接头数的5%时,应重新拧紧并经检验合格。接头连接检验质检员应填写《钢筋接头连接质量检查记录表》。力矩扳手不使用时,将其力矩值调为零,以保证其精度。

接头拧紧力矩值 表6-2

规　格(mm)	拧紧力矩值(N·m)
16	≥100
18	≥200
20	
22	≥260
25	
28	≥320
32	

(3)接头力学性能检验。

同一施工条件下采用同一批材料的同等级、同形式、同规格接头,以连续生产的500个为一个检验批进行检验、验收,不足500个的也按一个检验批验收。在现场连续检验10个检验批,当其全部单向拉伸试件均一次抽样合格时,检验批接头数量可扩大为1 000个。

(4)注意事项。

力学性能检验的试件必须结构中随机截取,截取试件后的骨架,及时采用焊接或绑扎连接予以恢复,恢复时焊接或绑扎连接长度要符合规范要求。应邀请监理单位对接头取样抽取过程进行见证,并留存取样过程照片或影像资料。

五、安全绿色施工措施

(1)进入现场必须戴安全帽,操作工人必须佩带劳动保护用品。钢筋机械在使用前,必须经项目工程部、安全部检查验收,合格后方可使用。操作机械使用要符合安全操作要求。

(2)直螺纹连接操作人员需持证上岗。

(3)钢筋机械必须设置在平整、坚实的场地上,设置机棚和排水沟,防雨雪、防砸、防水浸泡。机械必须接地,操作工必须穿戴防护衣具,以保证操作人员安全。

(4)钢筋加工机械要设专人维护维修,定期检查各种机械的零部件,特别是易损部件,出现有磨损的必须更换。

(5)钢筋加工机械处必须设置足够的照明,保证操作人员在光线较好的环境下操作。在危险地段应设置明显的警示标志和护栏。

(6)砂轮锯在使用前应经安全部门检验合格后方可投入使用。开机前检查砂轮罩、砂轮片是否完好,旋转方向是否正确。对有裂纹的砂轮严禁使用。

(7)操作人员必须站在砂轮片运转切线方向的旁侧。

(8)严禁酒后作业,严禁打架斗殴,严禁偷盗,严禁聚众闹事,严禁现场吸烟。

(9)现场所有机电设备必须做到一机、一箱、一闸、一漏。

(10)现场在进行钢筋加工及成型时,要控制各种机械的噪音。

(11)加工机械安放在平整场地上,下垫木板。并定期检查各种零部件,如发现零部件有松动、磨损,及时紧固或更换。

(12)钢筋原材、加工后的半成品钢筋要分类堆放并覆盖,防止因雨雪造成钢筋的锈蚀。

(13)直螺纹套丝的铁屑装入尼龙袋统一处理。

审核人		交底人		接受交底人	

注:1. 本表由施工单位填写,交底单位与接受交底单位各存一份。

2. 当作分项工程施工技术交底时,应填写“分项工程名称”栏,其他技术交底可不填写。

7　墙体钢筋绑扎施工

技术交底记录		编　　号	
工程名称	×××工程	交底日期	××年××月××日
施工单位	××××	分项工程名称	钢筋工程
交底提要	墙体钢筋绑扎施工		

交底内容：

剪力墙高 3 000mm、厚 200mm，混凝土强度为 C30，抗震等级 8 级，钢筋采用 ⌀10@200，钢筋保护层厚度为 15mm。墙体钢筋平面图、立面图见图 7-1。

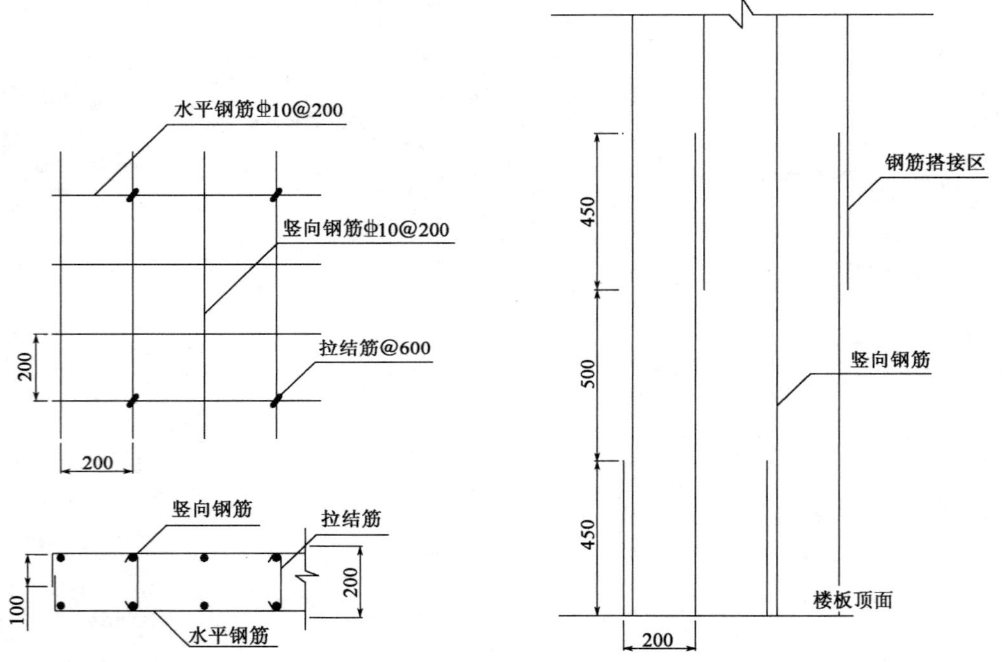

图 7-1　墙体钢筋平面图、立面图（尺寸单位：mm）

一、施工准备

（1）材料准备：型号、尺寸与图纸和配料单一致的钢筋、火烧丝、垫块等。

（2）工具准备：钢筋钩子、尺子、钢丝刷子、粉笔等。

二、作业条件

（1）熟悉图纸、按设计要求检查已加工好的钢筋规格、形状、数量是否正确。

（2）混凝土施工缝要凿去表面浮浆并清理干净。

（3）做好抄平放线，注明水平高程，弹出墙尺寸线、500mm 控制线。

（4）按要求搭设好脚手架。

三、施工工艺

1. 工艺流程

暗柱钢筋绑扎→绑扎竖向梯子筋→绑扎墙体钢筋→绑拉接筋、挂保护层垫块。

2. 墙体暗柱钢筋绑扎

按图纸要求箍筋数量将箍筋套在下层伸出的连接筋上,然后立暗柱钢筋。见图 7-2。

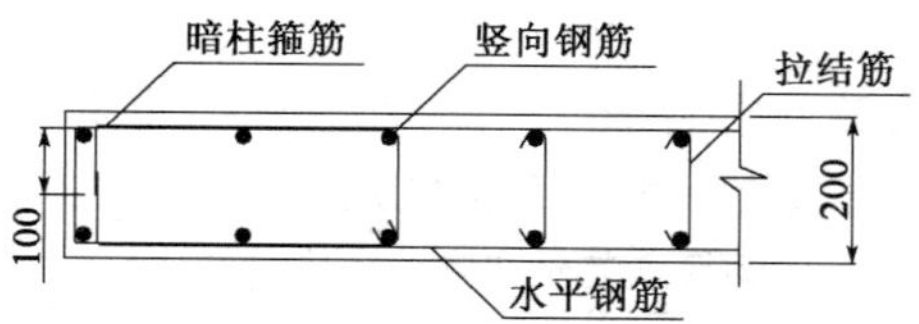

图 7-2　有暗柱墙体端头钢筋布置图(尺寸单位:mm)

3. 绑扎竖向梯子筋

梯子筋均布置于距离剪力墙主筋外第二根墙体立筋位置,每面墙最少设置两道竖向梯子筋,梯子筋钢筋端头做防锈处理。见图 7-3。

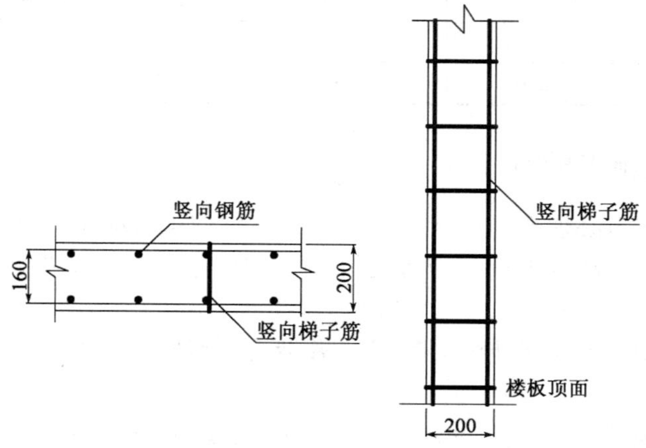

图 7-3　竖向梯子筋布置图(尺寸单位:mm)

4. 绑扎墙体钢筋

(1)墙体钢筋为双向钢筋网,竖筋在内,水平筋在外,钢筋采用绑扎搭接,相邻接头错开 500mm,同一截面钢筋接头率不大于 50%。

(2)绑扎时,先绑 2 ~4 根竖向钢筋,并画好分档标志,然后于下部及齐胸处绑扎两根水平钢筋定位,并在横筋上画好分档标志,然后绑扎其余竖筋,最后绑扎其余横筋。绑扎时,墙体竖向第一道钢筋距暗柱主筋 50mm,第一道水平钢筋距楼板结构面 50mm。

(3)墙筋的所有相交点全部绑扎,绑扎时要随手将绑扎铁丝头弯向墙体内侧,绑扎点不得顺一个方向,要间隔呈八字形绑扣。

5. 墙体拉筋间距为 600mm,矩形布置

拉筋弯钩的朝向,同一排的要保持一致,相邻两排的方向相反。保护层厚度采用塑料垫块控制,间距按 600mm ×600mm,呈梅花形布置。

四、质量标准

1. 主控项目

(1)钢筋安装时,受力钢筋的品牌、规格和数量必须符合设计要求。

(2)钢筋应安装牢固。受力钢筋的安装位置应符合设计要求。

2. 一般项目

钢筋安装偏差及检验方法应符合表7-1的规定,受力钢筋保护层厚度的合格点率应达到90%及以上,且不得有超过表中数值1.5倍的尺寸偏差。

钢筋安装允许偏差及检验方法 表7-1

项目		允许偏差(mm)	检验方法
纵向受力钢筋	间距	±10	尺量两端、中间各一点,取最大偏差值
	排距	±5	
纵向受力钢筋、箍筋的混凝土保护层厚度		±3	尺量
绑扎箍筋、横向钢筋间距		±20	尺量连续三档,取最大偏差值
预埋件	中心线位置	5	尺量
	水平高差	+3,0	塞尺测量

五、安全绿色施工措施

(1)进入现场人员必须戴好安全帽,操作工人必须佩戴劳动保护用具。

(2)绑扎钢筋高度超过2m时,应搭设操作脚手架,架子上铺好脚手板,安全员随时进行安全检查。

(3)现场施工中不准从高处扔东西,高空作业必须系好安全带,没有安全防护栏严禁进行高空钢筋绑扎。

(4)夜间施工应照明充足,接线由专职电工负责,现场电线须架空敷设。

(5)在施工场所产生的垃圾、废屑要及时收集,钢筋的下脚料集中放置,存放在固定地点,统一清运至规定的垃圾集中地。

审核人		交底人		接受交底人	

注:1. 本表由施工单位填写,交底单位与接受交底单位各存一份。

2. 当作分项工程施工技术交底时,应填写“分项工程名称”栏,其他技术交底可不填写。

8　墙体大模板安装及拆除

技术交底记录		编　　号	
工程名称	×××工程	交底日期	××年××月××日
施工单位	××××	分项工程名称	模板工程
交底提要	墙体大模板安装及拆除		

交底内容：

建筑层高3m，模板采用86系列全钢大模板，模板高度2.9m。见图8-1。

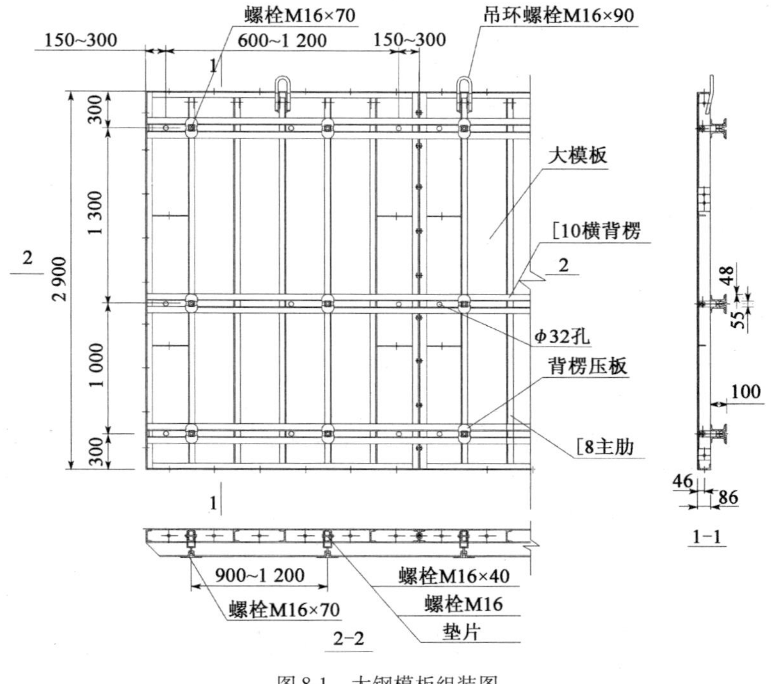

图8-1　大钢模板组装图

一、施工准备

(1)材料准备:86系列大模板、M16对拉螺栓、海绵条、单面胶条、20PVC套管、油性脱模剂、辊子等。

(2)机具设备准备:活口扳手、铁锤、铲刀、砂轮角磨机、撬棍等工具,TC5613塔吊。

(3)模板验收:大模板进场后根据配板设计要求清点数量,核对型号,检查板面平整度、几何尺寸、焊缝情况;配件、螺栓规格和数量,按安装位置对模板进行编号,并放入堆放区。检验项目如表8-1所示。

检验项目　　表8-1

项　　目	允许偏差(mm)	检验方法
模板高度	±3	卷尺
模板长度	-2	卷尺

续上表

项　　目	允许偏差(mm)	检 验 方 法
模板板面对角线差	≤3	卷尺
板面平整度	2	2mm 靠尺检查
相邻板面高低差	≤1	平尺及塞尺
相邻面板拼缝间隙	≤1	塞尺

二、作业条件

(1)墙体钢筋以及水电预留预埋隐蔽验收合格。

(2)墙体结构边线以及安装控制线验收合格。

(3)墙体根部凿毛、清理,门窗洞口模板安装验收合格。

(4)大模板组装完成,并验收合格。

(5)模板脱模剂涂刷完成。

三、施工工艺

1. 工艺流程

吊运大模板及初步定位→安装大模板→(浇筑混凝土)→大模板拆除→大模板清理、刷脱模剂。

2. 吊运大模板及初步定位

大模板由专业信号工指挥用塔吊吊运至相应安装部位,工人配合将其基本就位、落地后,不能立即脱钩,用工具式卡环把模板与墙体暗柱钢筋连接在一起,模板宽度 >4m 为 3 个连接点,≤4m 为 2 个连接点,角模为 1 个连接点,待上述工序完成后方可松钩,进行模板就位调整。

3. 安装大模板

(1)模板安装时先内侧、后外侧,先横墙、后纵墙,先安装有支腿模板、后安装无支腿模板。

(2)大模板安装时根部和顶部要有固定措施;支撑点应设在坚固可靠处,不得与脚手架拉结。

(3)在模板缝隙及角模下用海绵条封堵。

(4)安装墙体一侧模板,按照墙体边线将模板基本就位;安装墙体另一侧模板,调整位置后安装对拉螺栓。组装墙体模板时,检查墙体中心线,以控制线作为基准,用撬棍调整模板位置,控制墙体尺寸,对称调整模板的地脚螺栓。模板上口拉通线控制模板上口的平直度,用线坠调整模板垂直度,经检查模板的垂直度、水平度、高程均在允许偏差范围内,拧紧对拉螺栓。

(5)利用外脚手架操作平台安装外墙外侧模板,做到与下层墙体连接严密、牢固,防止错台、漏浆。

4. 大模板拆除

(1)模板拆除时,能保证其表面及棱角不受损伤,混凝土面无掉角,方可进行拆模。

(2)拆模前先安装临时固定卡环,检查无误后方可进行拆模工作。

(3)先拆下大模板与角模的连接螺栓和角模固定螺栓，再拆除对拉螺栓，松动支腿或拆除斜支撑，使大模板与墙体脱开。

(4)当大模板吊环与塔吊挂好后，松开临时固定卡环。

(5)先起吊平模板，再吊角模，起升模板应平稳缓慢，模板吊运至存放地点时放稳、固定。

5. 大模板清理、刷脱模剂

拆下的模板及时清理模板及背楞上的污垢、灰渣等杂物，并检查焊缝及模板质量，涂刷好脱模剂。

四、质量标准

大模板安装允许偏差及检验方法如表 8-2 所示。

大模板安装允许偏差及检验方法　　表 8-2

项　目		允许偏差(mm)	检　验　方　法
轴线位移		4	用尺量检查
截面内部尺寸		±2	用尺量检查
层高垂直	全高≤5m	3	线坠尺量检查
	全高 >5m	5	
相邻模板板面高低差		2	平尺及塞尺检查
表面平直度		<4	上口通长拉直线用尺量检查； 下口按模板就位线为基准进行检查

五、注意事项

(1)大模板现场存放区应在塔吊的有效工作范围之内，大模板存放场地应平整坚实，有排水措施，不得存放在松土、冻土或凹凸不平的场地上。

(2)模板每次起吊前检查吊装绳索、卡具的完好性、模板上吊环的牢固性。

(3)拆模起吊模板前，先检查模板与混凝土结构之间所有对拉螺栓、连接件是否全部拆除取出，移动模板时不得碰撞墙体。

(4)拆除的对拉螺栓、连接件及拆模工具必须妥善保管和放置，不得随意散放在操作平台上。

(5)模板安装必须设有可靠的操作平台、上下梯道、防护栏杆。

(6)禁止一次起吊两块或两块以上大模板，起吊时要平稳，吊绳与模板应在同一平面，不得斜吊。

(7)大模板起吊时，有两个吊环的用双绳起吊，起吊时解掉多余的钢丝绳，禁止双绳起吊时用短绳吊装。

(8)模板摘钩后要确定吊钩和钢丝绳无缠绕，且与其他物体无牵连方可起钩，在提升至一定高度后方可摆臂。

六、安全绿色施工措施

(1)进入现场人员必须戴好安全帽、操作工人必须佩戴劳动保护用品。模板存放区，设有明显的标志，非操作人员不得随意进入模板存放场地。

(2)大模板存放时，有支撑架的大模板必须满足自稳角要求；没有支撑架的大模板应存放在专用的插放支架上。存放时，采取两块大模板板面对板面相对放置的方法，且在模板中间留置不小于600mm的操作间距。

(3)大模板吊装时，施工人员必须站在安全可靠的地方，严禁操作人员随大模板起吊。

(4)吊装时，待挂钩人员离开模板起升区域后方可起吊，信号工观察模板起升过程，发现有勾挂、连挂物体后，立即通知塔吊驾驶员停吊。

(5)风力超过五级时，应停止吊装作业。

(6)拆除的模板及时清理，涂刷脱模剂，并分类整齐堆放。清理模板时，不得猛砸模板，以减少噪音污染。

(7)大模板板面清理出的碎渣、污垢及时清运出施工现场，保持现场清洁。涂刷脱模剂时，采取相应措施，防止油渍污染地面。

审核人		交底人		接受交底人	

注：1. 本表由施工单位填写，交底单位与接受交底单位各存一份。

2. 当作分项工程施工技术交底时，应填写"分项工程名称"栏，其他技术交底可不填写。

9 墙体混凝土浇筑

技术交底记录		编　　号	
工程名称	×××工程	交底日期	××年××月××日
施工单位	××××	分项工程名称	混凝土工程
交底提要	墙体混凝土浇筑		

交底内容：

工程为现浇剪力墙结构，建筑高度44m，层高3m，墙体厚度地下250mm，地上200mm，混凝土强度为C30，入泵坍落度宜为(160±20)mm。采用商品混凝土罐车运送，混凝土输送泵与布料机进行浇筑。

一、施工准备

(1)材料准备：商品混凝土强度C30。

(2)机具准备：HBT60混凝土输送泵、布料机、插入式振捣器、铁锹、木抹子等。

二、作业条件

(1)浇筑混凝土部位的模板、钢筋、保护层垫块、预埋件等全部安装完毕，并验收合格。

(2)浇筑混凝土用的操作平台架子搭设完毕，经验收合格。

三、施工工艺

1. 工艺流程

混凝土进场检验→混凝土浇筑→振捣→上口找平→养护。

2. 混凝土进场检验

(1)混凝土拌和物无明显离析现象。

(2)每车混凝土进行坍落度测试，宜为(160±20)mm。

3. 混凝土浇筑

(1)混凝土浇筑前，在底部接槎处先浇筑50mm左右与墙体混凝土同配比减骨料的水泥砂浆。

(2)混凝土分层浇筑，每次浇筑不超过0.5m。

(3)混凝土浇筑时，从一端顺序下料，不得集中下料，下料点应分散，浇筑间隔时间不大于混凝土初凝时间(2h)。

(4)浇筑混凝土时，靠近窗口位置两侧布置下料点。

(5)混凝土浇筑应比上口高程高出20mm。

4. 振捣

混凝土振捣采用φ50mm插入式振捣器，钢筋密集处配合使用φ30mm插入式振捣器。振捣时，要快插慢拔，每一插点要掌握好振捣时间20~25s，水平间距控制在400mm左右，以混凝土表面无明显气泡、下沉停止振捣；有窗口部位振捣时应在两侧同时振捣，并在窗口下部留置观察口，振捣密实后停止振捣。

5. 上口找平

混凝土浇筑至上口高程处，用木抹子将表面找平，清理钢筋表面混凝土浮渣。

6. 养护

混凝土拆模后及时洒水养护、覆盖土工布，养护时应保证混凝土表面处于湿润状态，养生期一般不少于7d。

四、质量标准

1. 主控项目

（1）混凝土的强度等级必须符合设计要求，具备相应的合格证和复试报告。用于检验混凝土强度的试件应在浇筑地点随机抽取。

（2）混凝土外观不应有严重缺陷。

2. 一般项目

混凝土的振捣应密实，表面及接茬处应平整光滑，不得出现孔洞、露筋、夹渣等缺陷。位置和尺寸偏差及检验方法应符合表9-1的规定。

位置和尺寸允许偏差及检验方法　　表9-1

项目名称		允许偏差(mm)	检验方法
轴线位置		8	经纬仪及尺量
垂直度	层高	10	经纬仪或吊线、尺量
	全高	$H/30\,000+20$	
高程	层高	±10	经纬仪、尺量
	全高	±30	
截面尺寸		+10，-5	尺量
表面平整度		8	2m靠尺、塞尺
预留洞口中心线位置		15	拉线、尺量检查

五、安全绿色施工措施

（1）进场人员必须戴安全帽，振捣手必须戴绝缘手套，穿绝缘鞋。

（2）每次混凝土浇筑前，操作平台验收合格。

（3）夜间施工要有足够的照明设备，并在使用前对照明用具及供电线路进行检查。

（4）混凝土余料不得随意倾倒，应运至指定地点处理。

（5）混凝土运输车不得随意冲洗，必须开至指定地点进行冲洗，严禁不冲洗上路。

审核人		交底人		接受交底人	

注：1. 本表由施工单位填写，交底单位与接受交底单位各存一份。

2. 当作分项工程施工技术交底时，应填写“分项工程名称”栏，其他技术交底可不填写。

10　柱钢筋绑扎施工

技术交底记录		编　　号	
工程名称	×××工程	交底日期	××年××月××日
施工单位	××××	分项工程名称	钢筋工程
交底提要	柱钢筋绑扎施工		

交底内容：

框架柱截面尺寸为500mm×500mm，高3m，钢筋型号有 ⌀22、⌀18、Φ12 三种，其中角筋为 ⌀22、边钢筋为 ⌀18，箍筋为 Φ12，钢筋采用机械连接，箍筋加密区间距为100mm、非加密区为200mm。见图10-1、图10-2。

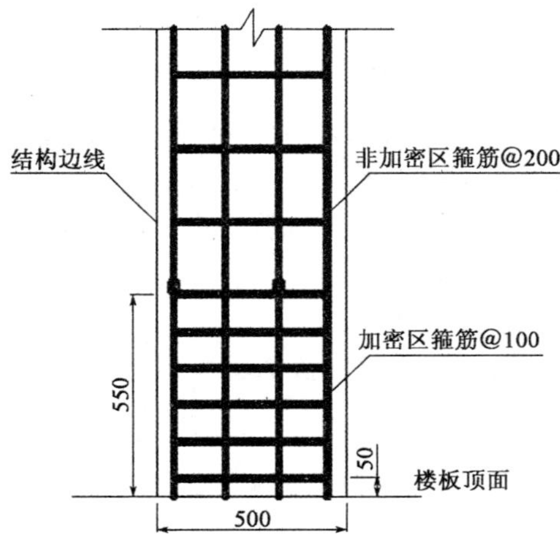

图10-1　柱钢筋立面图（尺寸单位：mm）

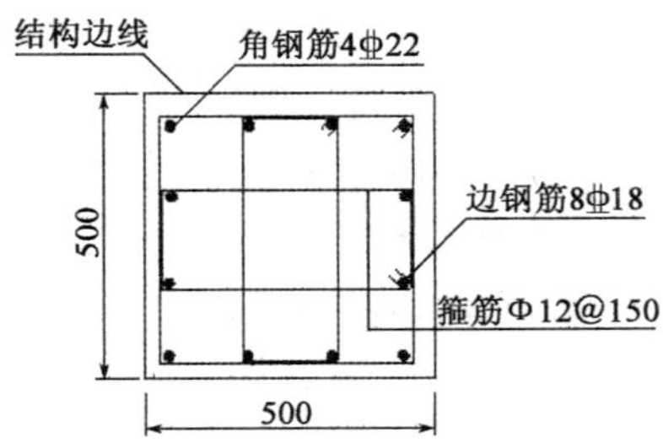

图10-2　柱钢筋平面图（尺寸单位：mm）

一、施工准备

（1）材料准备：型号、尺寸与图纸和配料单一致的钢筋，直螺纹套筒、火烧丝、15mm 塑料垫块等。

（2）工具准备：钢筋钩子、尺子、力矩扳手、扳子、钢丝刷子、粉笔等。

二、作业条件

（1）混凝土施工缝要凿去表面浮浆并清理干净。

（2）柱的轴线、边线弹好，完成验收。

（3）按要求搭设好脚手架。

三、施工工艺

（1）工艺流程：箍筋套入→竖向钢筋连接→箍筋绑扎→垫块安装。

（2）将箍筋套在下层伸出的连接筋上，然后立柱子钢筋。

（3）柱竖向钢筋连接。

采用直螺纹套筒连接，先用工作扳手将连接套与一端钢筋拧到位，再将另一端钢筋拧到位，同一断面为≤50%接头位置，第一步接头距楼面为550mm。

（4）箍筋绑扎。

①画箍筋间距线：在竖向钢筋上，用粉笔画出箍筋间距线，第一道箍筋自柱底起50mm，箍筋加密区5个间距为100mm，非加密区为200mm，共21道。

②箍筋由上向下绑扎，保持箍筋水平与竖向钢筋垂直。

③箍筋的弯钩叠合处应沿柱子竖筋交错布置，并绑扎牢固。

④箍筋与竖向钢筋交叉点全部绑扎。

（5）安装塑料垫块。

垫块选用圆形的塑料卡环，钢筋绑扎完成后，在钢筋侧面安装塑料垫块，垫块共安装四层，每层8个。

四、质量标准

1. 主控项目

（1）钢筋安装时，受力钢筋的品牌、规格和数量必须符合设计要求。

（2）钢筋应安装牢固。受力钢筋的安装位置应符合设计要求。

2. 一般项目

钢筋安装偏差及检验方法应符合表10-1的规定，受力钢筋保护层厚度的合格点率应达到90%及以上，且不得有超过表中数值1.5倍的尺寸偏差。

钢筋安装允许偏差及检验方法 表10-1

项目		允许偏差(mm)	检验方法
受力钢筋	间距	±10	尺量两端、中间各一点，取最大偏差值
纵向受力钢筋、箍筋的混凝土保护层厚度		±5	尺量
绑扎箍筋、横向钢筋间距		±20	尺量连续三档，取最大偏差值

五、安全绿色施工措施

（1）进入现场人员必须戴好安全帽，操作工人必须佩戴劳动保护用品。

（2）绑扎柱钢筋高度超过2m时，应搭设操作脚手架，架子上铺好脚手板，安全员随时进行安全检查。

（3）现场施工中不准从高处扔东西，高空作业必须系好安全带，没有安全防护栏严禁进行高空钢筋绑扎。

（4）夜间施工应照明充足，接线由专职电工负责，现场电线须架空敷设。

（5）在施工场所产生的垃圾、废屑要及时收集，钢筋的下脚料集中放置，存放在固定地点，统一清运至规定的垃圾集中地。

审核人		交底人		接受交底人	

注：1. 本表由施工单位填写，交底单位与接受交底单位各存一份。

2. 当作分项工程施工技术交底时，应填写“分项工程名称”栏，其他技术交底可不填写。

11　柱模板安装及拆除

技术交底记录		编　　号	
工程名称	×××工程	交底日期	××年××月××日
施工单位	××××	分项工程名称	模板工程
交底提要	柱模板安装及拆除		

交底内容：

框架柱尺寸为800mm×800mm，高2.9m。模板采用18mm厚覆膜胶合板，柱箍采用ϕ48双钢管，M14螺栓对拉，背楞采用50mm×100mm的方木。见图11-1。

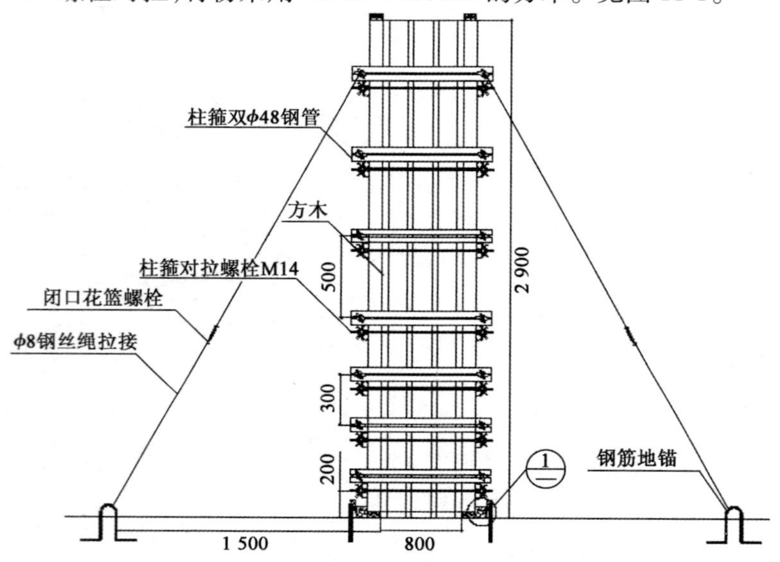

图11-1　矩形柱木模板组装图(尺寸单位:mm)

一、施工准备

1. 材料准备

18mm覆膜胶合板、50mm×100mm方木、ϕ48钢管(壁厚≥3mm)、ϕ8钢丝绳、M14对拉螺栓、单面胶条、水性脱模剂、钉子等。

2. 机具准备

木工圆锯、木工平刨、手提电锯、手提压刨、电钻、线坠、靠尺板、方尺、锤子、撬棍等工具。

二、作业条件

(1)合模前，柱钢筋以及水电预留预埋已通过监理工程师验收。

(2)合模前，柱结构边线以及500mm控制线已经过监理工程师验收通过，可以进行下步工序施工。

(3)柱底部表面浮浆、软弱混凝土层已剔除干净露出石子，松动石子和灰渣已清理掉。表面用水冲洗干净，湿润且无积水。

(4)模板安装用架子搭设完毕。

三、施工工艺

1. 工艺流程

模板制作、加工→模板安装→浇筑混凝土→模板拆除。

2. 模板制作、加工

(1)模板配板图进行模板制作,将覆膜胶合板按制作尺寸要求裁板,背楞刨直、刨平。

(2)覆膜胶合板与木背楞固定采用圆钉固定牢固,制作时应预留清扫口。

(3)面板采用 18mm 厚覆膜胶合板,正反面及切口处均涂刷两遍保护剂,背楞采用 50mm × 100mm 方木,间距 25mm,柱箍采用 ϕ48 短钢管及对拉螺栓。见图 11-2。

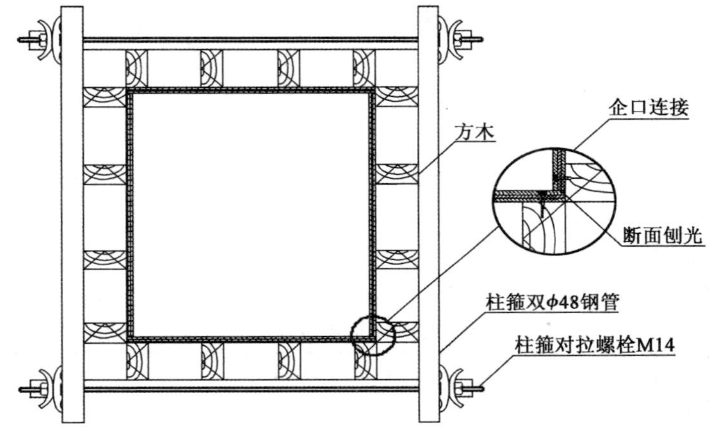

图 11-2 模板截面图

3. 模板安装

(1)楼板上弹出的柱子结构边线、模板外 500mm 控制线。模板就位后,用海绵条密封以免漏浆。

(2)第一片模板就位后,设临时支撑,然后依次将其余三片模板就位,并做好支撑。

(3)柱箍自下而上安装。柱箍采用钢管结合卡扣,底部第一道钢管中心距楼板 200mm,以上加密区(1/3 柱高度内)间距 300mm,非加密区内间距 500mm。

(4)将钢丝绳固定在楼板中的预埋钢筋环上,模板四面立面均设斜拉钢丝绳,与楼地面角度宜为 45° ~60°。

(5)根据控制线校正柱模板位置,并采用木楔与地锚将柱模下口固定。见图 11-3。

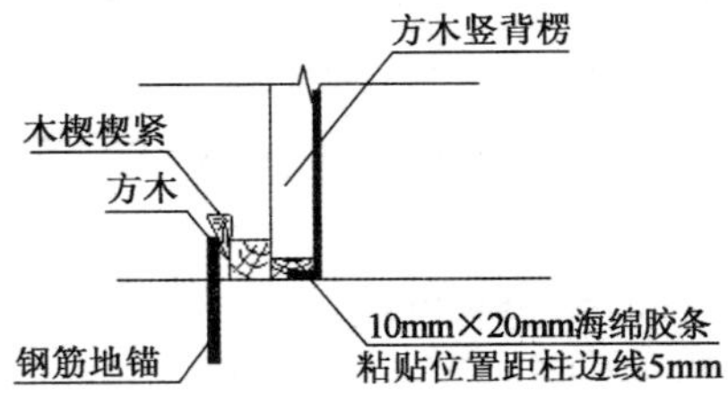

图 11-3 节点图

(6)将线坠分别吊于模板及相邻模板的上口,使线坠由模板上口延伸接近楼地面检查模板的垂直度,通过斜撑校正柱身垂直度及柱身扭向,调整偏差后固定。

4. 浇筑混凝土

5. 模板拆除

(1)拆除支撑。

根据同条件试块强度,确认柱模已具备拆模条件,宜控制在24h后拆除钢丝绳斜拉并外运。

(2)拆除柱箍。

从上往下逐步松动对拉螺栓,卸掉对拉螺栓杆,拆除柱箍。

(3)拆除模板。

用撬棍轻轻撬动模板,使其离开结构柱。

(4)清理、修整模板。

拆下的模板及时清理粘连物,涂刷脱模剂。

四、质量验收标准及要求

1. 主控项目

(1)模板及支架用材料的技术指标应符合国家现行有关标准的规定,进场时抽样检验模板和支架材料的外观、规格和尺寸。模板安装的允许偏差应符合表11-1的规定。

模板安装的允许偏差 表11-1

项　　目	允许偏差(mm)	检 验 方 法
轴线位移	5	尺量
模板内部尺寸	±5	尺量
垂直度	8	经纬仪或吊线尺量
相邻两板表面高低差	2	尺量
表面平整度	5	靠尺塞尺

(2)现浇混凝土结构模板及支架的安装质量,符合国家现行有关标准的规定。

2. 一般项目

(1)模板的接缝严密。

(2)模板内不得有杂物、积水或冰雪等。

(3)模板与混凝土接触面应平整、清洁。

(4)隔离剂不得影响结构性能及装饰工程,不得污染钢筋、和混凝土接茬处。

五、安全绿色施工措施

(1)进入现场人员必须戴好安全帽,操作工人必须佩戴劳动保护用品。

(2)模板在吊运时,信号工与塔吊驾驶员应密切配合,严禁超载;塔吊起吊时,吊物放置地点4m以内严禁站人。

(3)安装模板时,随时支撑固定,防止倾倒。

(4)禁止利用拉杆支撑攀登上下。

(5)模板装拆过程中,除操作人员外,下面不得站人,高处作业时,操作人员必须挂上安全带。

(6)晚间要有足够的照明,以保护人员的安全。

(7)拆除模板时不得乱扔乱抛,应逐块传递,清理干净。拆下的模板,及时清理、维修并涂刷脱模剂,侧边补刷封口漆。

(8)模板集中堆放,存放处应有排水措施,不得积水。

审核人		交底人		接受交底人	

注:1. 本表由施工单位填写,交底单位与接受交底单位各存一份。

2. 当作分项工程施工技术交底时,应填写"分项工程名称"栏,其他技术交底可不填写。

12　框架梁钢筋绑扎施工

<table>
<tr><td colspan="2">技术交底记录</td><td>编　　号</td><td></td></tr>
<tr><td>工程名称</td><td>×××工程</td><td>交底日期</td><td>××年××月××日</td></tr>
<tr><td>施工单位</td><td>××××</td><td>分项工程名称</td><td>钢筋工程</td></tr>
<tr><td>交底提要</td><td colspan="3">框架梁钢筋绑扎施工</td></tr>
</table>

交底内容：

梁截面尺寸为700mm×300mm，单跨梁长6m，混凝土强度为C30，钢筋型号有Ф22、Ф20、Ф12、Φ8四种，其中Ф22、Ф20分别为上下主筋，Ф12为架立筋，Φ8为箍筋。见图12-1、图12-2。

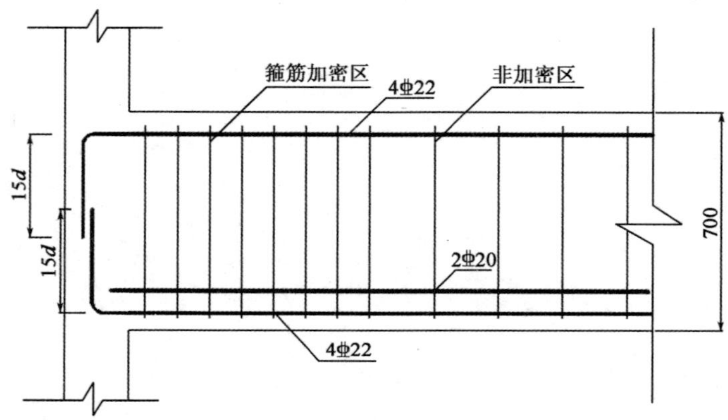

图12-1　框架梁钢筋立面图(尺寸单位:mm)

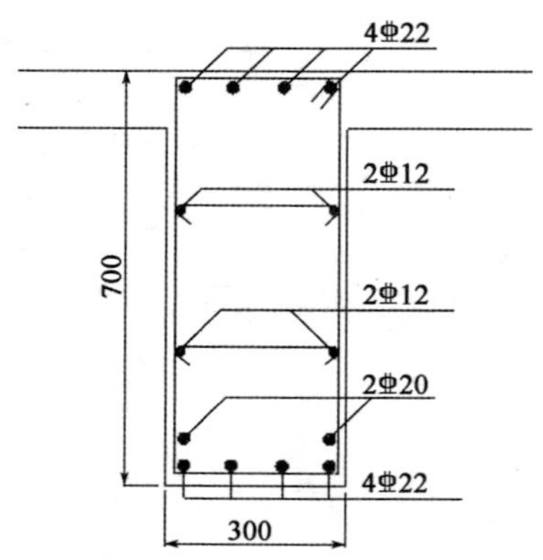

图12-2　框架梁钢筋断面图(尺寸单位:mm)

一、施工准备

(1)材料准备：型号、尺寸与图纸和配料单一致的钢筋，火烧丝、混凝土垫块。

(2)机具准备：钢筋钩子、撬棍、木方、尺子等。

二、作业条件

(1)经验收合格的钢筋运至现场。

(2)熟悉图纸、按设计要求检查已加工好的钢筋规格、形状、数量是否正确。

(3)做好抄平放线工作,弹好水平高程。

(4)模架搭设合格,验收完成。

三、施工工艺

1. 钢筋绑扎

画箍筋间距→在模板上口铺设横杆数根→将梁上层钢筋搭在横杆上→摆放箍筋→穿主梁下层受力筋及架立筋→绑扎箍筋→放置垫块。

2. 画箍筋间距

框架梁底模板支设完成后,在梁底模板上按箍筋间距画出位置线,箍筋起始筋距柱边为50mm,梁两端按设计、规范的要求进行加密。

3. 在模板上口铺设横杆数根

根据梁的长度,在模板上口铺设横杆数根。

4. 将梁上层钢筋搭在横杆上

穿梁上层纵筋,上层纵筋弯钩应朝下,一般应在下层钢筋弯钩的外侧,框架梁纵向钢筋在端节点内的锚固长度应符合设计图纸及规范的要求,在钢筋上标出箍筋间距。

5. 摆放箍筋

将箍筋套在梁上层钢筋上,调整箍筋间距,按已画好的间距逐个分开,隔一定间距将上层钢筋与箍筋绑扎牢固。

6. 穿架立筋及梁下层受力筋

穿主梁的下部纵向受力钢筋及弯起钢筋,梁筋应放在柱竖向钢筋内侧,纵向钢筋伸入节点锚固长度及伸过中心线的长度符合设计;再穿架立筋,按箍筋间距绑牢,起步箍筋距柱边50mm,梁支座不小于1.5h(h为梁截面高度)且不小于500mm范围进行梁箍筋加密。

7. 放置垫块

钢筋绑扎完成后在梁下放置60mm×60mm×40mm的混凝土垫块,垫块间距600mm错开布置,撤出模板上口横杆,调整梁整体位置,将梁钢筋落在混凝土垫块上。

四、质量标准

1. 主控项目

(1)钢筋安装时,受力钢筋的品牌、规格和数量必须符合设计要求。

(2)钢筋应安装牢固。受力钢筋的安装位置应符合设计要求。

2. 一般项目

钢筋安装偏差及检验方法应符合表12-1规定,受力钢筋保护层厚度的合格点率应达到90%及以上,且不得有超过表中数值1.5倍的尺寸偏差。

钢筋安装允许偏差及检验方法 表 12-1

项目		允许偏差(mm)	检验方法
受力钢筋	锚固长度	-20	钢尺量两端、中间各一点,取最大值
	间距	±10	
	排距	±5	
	保护层厚度	±5	钢尺检查
绑扎箍筋间距		±20	钢尺量连续3档,取最大值
钢筋弯起点位置		±20	钢尺检查

五、安全绿色施工措施

(1)进入现场人员必须戴好安全帽,操作工人必须佩戴劳动保护用具。

(2)吊运钢筋时,设专人指挥塔吊,使用塔吊运输时要服从信号工的安排、指挥,吊车作业半径下严禁站人。

(3)安装支架必须牢固可靠。

(4)现场施工中不准从高处扔东西,高空作业必须系好安全带,没有安全防护栏严禁进行高空钢筋绑扎。

(5)在施工场所产生的垃圾、废屑要及时收集,存放在固定地点,钢筋的下脚料集中放置,统一清运至规定的垃圾集中地。

审核人		交底人		接受交底人	

注:1. 本表由施工单位填写,交底单位与接受交底单位各存一份。

2. 当作分项工程施工技术交底时,应填写“分项工程名称”栏,其他技术交底可不填写。

13　梁模板的安装与拆除

技术交底记录		编　　号	
工程名称	×××工程	交底日期	××年××月××日
施工单位	××××	分项工程名称	模板工程
交底提要	梁模板的安装与拆除		

交底内容：

梁尺寸为700mm×300mm，单跨长度小于8m，建筑层高3m，梁模板采用15mm覆膜胶合板，主龙骨、次龙骨采用50mm×100mm方木，支撑体系采用碗扣式钢管脚手架。见图13-1。

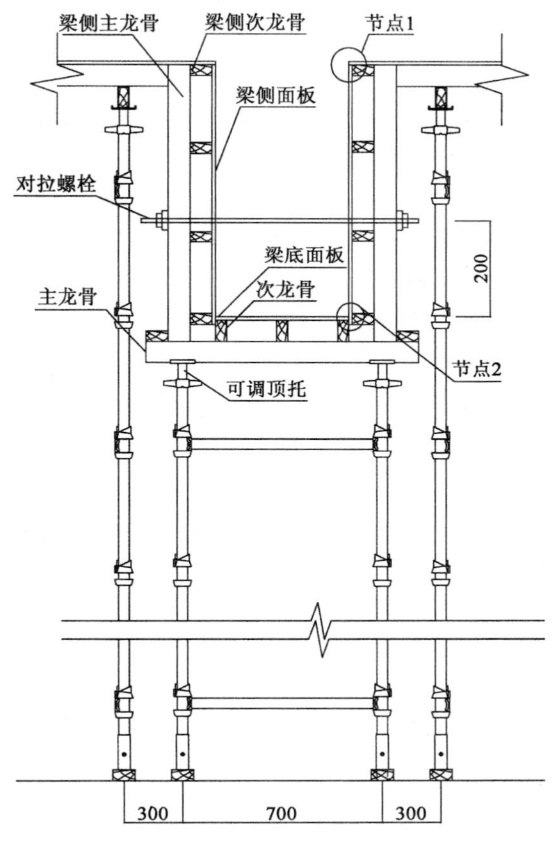

图13-1　梁模板支设立面图(尺寸单位：mm)

一、施工准备

(1)材料准备：主要材料有15mm覆膜胶合板、50mm×100mm方木、ϕ48钢管、顶托、卡扣件、A14对拉螺杆等。

(2)辅助材料：单面胶条、PVC套管、脱模剂、辊子、手套。

(3)机具准备：木工圆锯、木工平刨、压刨、手提电锯、手提压刨、打眼电钻、线坠、靠尺板、方尺、撬棍等工具。

二、作业条件

(1)高程和定位控制线完成,且已经过监理工程师验收通过。

(2)模板支撑体系立杆位置定位放线完成。

三、施工工艺

1. 工艺流程

搭设模板支架→安装梁底模板→安装梁侧模板、校正加固→浇筑混凝土→模板拆除。

2. 搭设模板支架

按照立杆定位线安装梁模板支架。在立杆下脚要铺设50mm厚通长脚手板。

3. 安装梁底模板

本工程梁截面尺寸为700mm×300mm,梁底支架顶部设置主龙骨,主龙骨上搭设次龙骨3根,龙骨上铺设覆膜胶合板;底模均采用15mm厚的覆膜胶合板,主龙骨、次龙骨采用50mm×100mm方木。

4. 安装梁侧模板、校正加固

梁侧模板从上到下水平设置4道次龙骨,均匀分布。梁侧模板包梁底模板,梁侧模板与板模板交接处的拼接采用板模压梁模的方式(见图13-2)。待梁钢筋绑扎完成后,在梁高下1/3处设置1道M14对拉螺杆,纵向间距500mm。

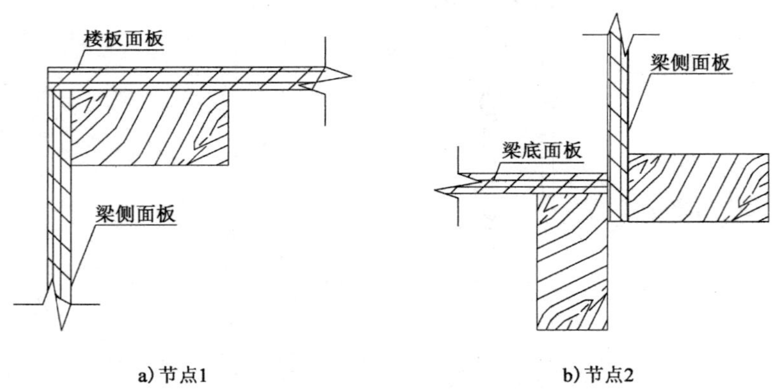

图13-2 梁侧模板与板模板交接处的拼接方式

5. 浇筑混凝土

6. 模板拆除

(1)保证梁混凝土强度达到设计值的75%,模板拆除时,采取先支后拆、后支先拆,先拆侧模板、后拆底模板的原则。

(2)拆除对拉螺栓。

逐步松动对拉螺栓,卸掉对拉螺栓杆,拆除主龙骨。

(3)拆除模板。

用撬棍轻轻撬动模板,使其离开结构柱。

(4)清理、修整模板。

拆下的模板及时清理粘连物,涂刷脱模剂。

四、质量标准

1. 主控项目

(1)模板及支架用材料的技术指标应符合国家现行有关标准的规定,进场时抽样检验模板和支架材料的外观、规格和尺寸。模板安装的允许偏差应符合表13-1的规定。

模板安装的允许偏差 表13-1

项 目	允许偏差(mm)	检 验 方 法
轴线位移	5	尺量
底模上表面标高	±5	拉线、尺量
模板内部尺寸	±5	尺量
相邻两板表面高低差	2	尺量
表面平整度	5	靠尺塞尺

(2)现浇混凝土结构模板及支架的安装质量,符合国家现行有关标准的规定。

2. 一般项目

(1)模板的接缝严密。

(2)模板内不得有杂物、积水或冰雪等。

(3)模板与混凝土接触面应平整、清洁。

(4)隔离剂不得影响结构性能及装饰工程,不得污染钢筋和混凝土接茬处。

五、安全绿色施工措施

(1)进入现场人员必须戴好安全帽,操作工人必须佩戴劳动保护用具。

(2)模板在吊装时,信号工与塔吊驾驶员应密切配合,严禁超载;塔吊起吊时,吊物放置地点4m以内严禁站人。

(3)模板装拆过程中,除操作人员外,下面不得站人,高处作业时,操作人员必须挂上安全带。

(4)模板上有预留洞部位,在安装后将洞口盖好。混凝土板上预留洞,在木板拆除后,随即将洞口盖好。

(5)拆除模板时不得乱扔乱抛,应逐块传递,清理干净。拆下的模板,及时清理、维修并涂刷脱模剂,侧边补刷封口漆。

(6)六级(含六级)以上大风,应停止室外高空作业。

(7)木工操作场严禁吸烟,当必须明火作业时,必须有安全员开具的动火证,并配有专人看火,附近设置可靠的消防措施。

(8)模板集中堆放,存放处应有排水措施,不得积水。

(9)晚间要有足够的照明,以保护人员的安全。

审核人		交底人		接受交底人	

注:1. 本表由施工单位填写,交底单位与接受交底单位各存一份。

2. 当作分项工程施工技术交底时,应填写“分项工程名称”栏,其他技术交底可不填写。

14 楼模板的安装与拆除

<table>
<tr><td colspan="2">技术交底记录</td><td>编　　号</td><td></td></tr>
<tr><td>工程名称</td><td>×××工程</td><td>交底日期</td><td>××年××月××日</td></tr>
<tr><td>施工单位</td><td>××××</td><td>分项工程名称</td><td>模板工程</td></tr>
<tr><td>交底提要</td><td colspan="3">楼模板的安装与拆除</td></tr>
<tr><td colspan="4">交底内容：
工程为剪力墙结构，建筑层高 3m，楼板跨度小于 8m，楼板厚 12cm，楼板模板采用 15mm 多层覆膜板，龙骨采用 50mm×100mm 方木、100mm×100mm 方木，支撑体系采用碗扣式钢管脚手架。见图 14-1、图 14-2。
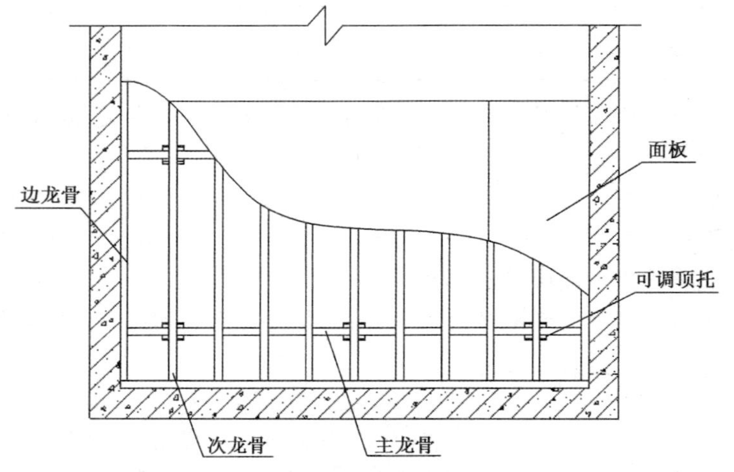

图 14-1　顶板模板支设平面图
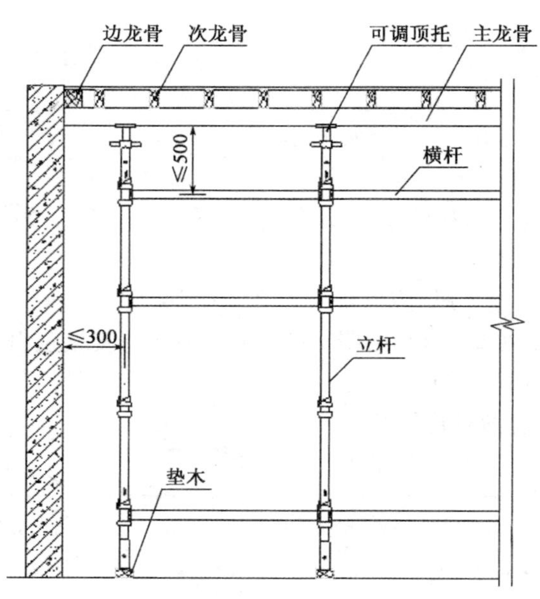

图 14-2　顶板模板支设立面图</td></tr>
</table>

一、施工准备

（1）材料准备：主要材料有15mm多层覆膜板、50mm×100mm方木、100mm×100mm方木、ϕ48钢管、顶托、卡扣件、对拉螺杆等。

辅助材料：单面胶条、PVC套管、脱模剂、辊子、手套。

（2）机具准备：木工圆锯、木工平刨、压刨、手提电锯、手提压刨、打眼电钻、线坠、靠尺板、方尺、撬棍等工具。

二、作业条件

（1）楼板抄平和定位放线完成，且已经过监理工程师验收通过，可以进行下步工序施工。

（2）楼板模板支撑体系中立杆位置定位放线完成，确保上下层立杆对齐。

（3）墙柱混凝土构件尺寸偏差及观感质量验收合格。

三、施工工艺

1. 模板安装工艺流程

搭设楼板支架→安装横纵主、次龙骨→铺设面板→检查模板上皮高程、平整度→调整板下皮高程及起拱→验收。

（1）搭设楼板支架。顶板支撑系统选用满堂红碗扣架，立杆间距为1 200mm，水平起步杆距地200mm，往上1 200mm设置一道，共设置3道。

按照立杆定位线安装板模板支架。在立杆下脚要铺设50mm厚通长脚手板。

（2）安装主、次龙骨。主龙骨使用100mm×100mm方木，放于立杆顶托之上，间距1 200mm。次龙骨使用50mm×100mm方木，次龙骨立放于主龙骨之上，垂直于主龙骨方向，间距中到中250mm。

顶板与墙体阴角必须用次龙骨加固，一圈封闭，接触面粘海绵条。见图14-3。

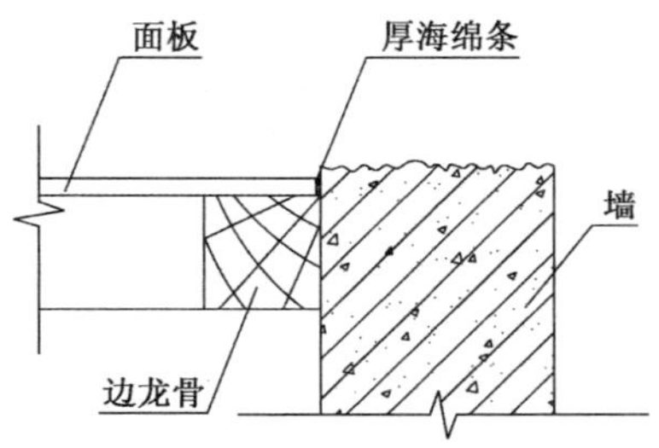

图14-3 顶板与墙体阴角加固

（3）铺设面板。铺设面板，面板采用15mm厚多层覆膜板。板长边沿次龙骨方向铺设。多层覆膜板与墙体的拼缝要加海绵条，铺板顺序由一个方向依次向前铺设，板与板要顶紧，保证接缝严密不漏浆。新板与新板拼缝不使用海绵条。保证两块板接缝处必须有一道次龙骨。固定面板使用30mm铁钉，钉子间距250mm×500mm，板的边缘、中间要有钉子。见图14-4。

(4)检查模板上皮高程、平整度。平台板铺完后，用水平仪测量模板高程，进行校正，并用靠尺找平。

(5)调整板下皮高程及起拱。跨度大于4m的板，板中央起拱1/1 000～3/1 000，与梁接触板边随梁起拱。起拱部位最后落通线检查，楼板与墙、梁的阴角线不得起拱，应保持平直。

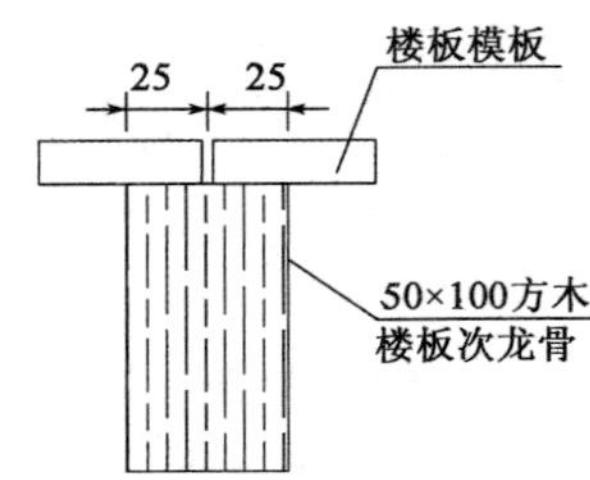

图14-4　楼板模板拼缝节点详图(尺寸单位：mm)

(6)验收。模板安装完毕后，用水准仪或拉线检查板面高程，并将模板表面清理干净，办理预检手续。

2. 拆模要求

(1)模板拆除时，采取先支后拆、后支先拆，先拆非承重板、后拆承重板的原则，自上而下进行拆除。

(2)拆模时，要边拆边清理混凝土表面，保证混凝土表面及棱角不受损坏。

(3)拆模时，保证楼板混凝土强度达到设计值的75%。

四、质量标准

1. 主控项目

(1)模板及支架用材料的技术指标应符合国家现行有关标准的规定，进场时抽样检验模板和支架材料的外观、规格和尺寸。模板安装的允许偏差应符合表14-1要求。

(2)现浇混凝土结构模板及支架的安装质量，符合国家现行有关标准的规定。

模板安装的允许偏差　　表14-1

项　目		允许偏差(mm)	检验方法
轴线位移		5	尺量
底模上表面高程		±5	水准仪或拉线、尺量
相邻两板表面高低差		2	尺量
表面平整度		5	靠尺塞尺
预留管、预留孔中心线位置		3	尺量
预留洞	中心线位置	10	尺量
	尺寸	+10,0	

2. 一般项目

(1)模板的接缝严密。

(2)模板内不得有杂物、积水或冰雪等。

(3)模板与混凝土接触面应平整、清洁。

(4)隔离剂不得影响结构性能及装饰工程,不得污染钢筋和混凝土接茬处。

五、安全绿色施工措施

(1)进入现场人员必须戴好安全帽,操作工人必须佩戴劳动保护用具。

(2)模板在吊装时,信号工与塔吊驾驶员应密切配合,严禁超载;塔吊起吊时,吊物放置地点4m以内严禁站人。

(3)模板装拆过程中,除操作人员外,下面不得站人,高处作业时,操作人员必须挂上安全带。

(4)模板上有预留洞部位,在安装后将洞口盖好。混凝土板上预留洞,在木板拆除后,随即将洞口盖好。

(5)拆除模板时不得乱扔乱抛,应逐块传递,清理干净。拆下的模板,及时清理、维修并涂刷脱模剂,侧边补刷封口漆。

(6)六级(含六级)以上大风,应停止室外高空作业。

(7)木工操作场严禁吸烟,当必须明火作业时,必须有安全员开具的动火证,并配有专人看火,附近设置可靠的消防措施。

(8)模板集中堆放,存放处应有排水措施,不得积水。

(9)晚间要有足够的照明,以保护人员的安全。

审核人		交底人		接受交底人	

注:1. 本表由施工单位填写,交底单位与接受交底单位各存一份。

2. 当作分项工程施工技术交底时,应填写“分项工程名称”栏,其他技术交底可不填写。

15　梁、楼板混凝土浇筑

技术交底记录		编　　号	
工程名称	×××工程	交底日期	××年××月××日
施工单位	××××	分项工程名称	混凝土工程
交底提要	梁、楼板混凝土浇筑		

交底内容：

本工程为现浇剪力墙结构，建筑高度 49.8m，楼板厚度为 120mm，最大梁高度为 600mm，采用商品混凝土，强度等级为 C30，坍落度为(160±20)mm。混凝土输送泵泵送、布料机进行浇筑。

一、施工准备

(1)材料准备：商品混凝土强度 C30。

(2)机具准备：HBT60 混凝土输送泵、布料机、插入式振捣器、铁锹、木抹子、脚手板等。

二、作业条件

(1)钢筋及水电预埋管件检验收合格。

(2)模板内的碎屑、泥土等杂物清除干净。

(3)根据楼层高程，将 500mm 控制线引测到竖向钢筋上，用红漆标记。

三、施工工艺

1. 工艺流程

混凝土进场检验→布料→振捣→压实抹平→养生。

2. 混凝土进场检验

(1)浇筑第一车混凝土必须查验开盘鉴定资料。

(2)混凝土运至浇筑地点后每车进行坍落度检验。

3. 混凝土布料

(1)混凝土布料先梁后板，当达到板底位置时再与板混凝土一起浇筑，梁、板混凝土浇筑连续向前进行，楼板混凝土布料从一端头沿一个方向成“之”字形均匀布料；长度小于 5m 的梁一端开始向另一端进行布料；大于 5m 的梁根据梁的长度可分多点进行布料。见图 15-1。

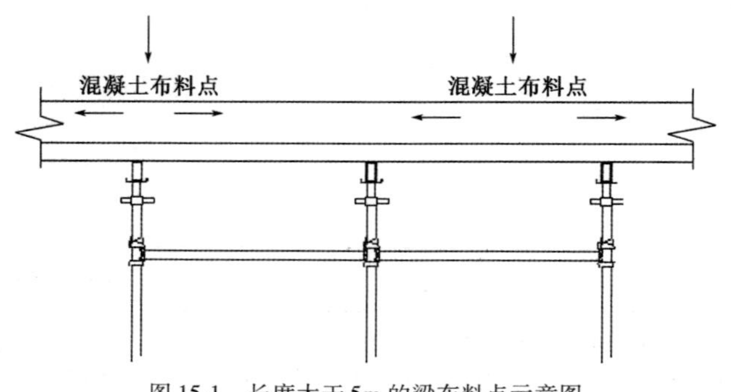

图 15-1　长度大于 5m 的梁布料点示意图

(2)浇筑时不得在同一处连续布料，应在2～3m范围内水平移动布料，且宜垂直于模板。

(3)浇筑时，根据现场情况进行余料处理或补料，确保振捣后混凝土表面基本平整，略高于高程线。

4. 振捣

(1)混凝土振捣采用ϕ50mm插入式振捣器，钢筋密集处配合使用ϕ30mm插入式振捣器。

(2)振捣点水平间距控制在400mm左右，振捣时间一般控制在15～30s。

(3)振捣时，要快插慢拔，以混凝土表面水平，无明显气泡，不下沉，表面浮出灰浆为准。

5. 压实抹平

混凝土每振捣完一段，操作工人采用木抹子压实、抹平，后退式进行，必要时铺设脚手板操作。

6. 养生

混凝土压实抹平后及时覆盖土工布，养生时应保证混凝土表面处于湿润状态，养生期不少于7d。

四、质量标准

1. 主控项目

(1)混凝土的强度等级必须符合设计要求，具备相应的合格证和复试报告。用于检验混凝土强度的试件应在浇筑地点随机抽取。位置和尺寸允许偏差及检验方法应符合表15-1的规定。

位置和尺寸允许偏差及检验方法 表15-1

项目名称		允许偏差(mm)	检验方法
轴线位置		8	经纬仪及尺量
垂直度	层高	10	经纬仪或吊线、尺量
	全高	H/30 000 +20	
高程	层高	±10	经纬仪、尺量
	全高	±30	
截面尺寸		+10，-5	尺量
表面平整度		8	2m靠尺、塞尺
预留洞口中心线位置		15	拉线、尺量检查

(2)混凝土外观不应有严重缺陷。

2. 一般项目

混凝土的振捣应密实，表面及接茬处应平整光滑，不得出现孔洞、露筋、夹渣等缺陷。

五、安全绿色施工措施

(1)进入现场人员必须戴好安全帽，振捣手必须戴绝缘手套，穿绝缘鞋。

(2)输送泵管出料口堆放混凝土不得超过2倍板厚，及时铺开，混凝土自由下落高度不得超过2m。

(3)夜间施工要有足够的照明,并在使用前对照明用具及供电线路进行检查。

(4)剩余混凝土必须运至指定地点处置。

(5)罐车不得随意冲洗,必须开至指定地点进行冲洗。

审核人		交底人		接受交底人	

注:1. 本表由施工单位填写,交底单位与接受交底单位各存一份。

2. 当作分项工程施工技术交底时,应填写“分项工程名称”栏,其他技术交底可不填写。

16　加气混凝土砌块砌筑

<table>
<tr><td colspan="2">技术交底记录</td><td>编　　号</td><td></td></tr>
<tr><td>工程名称</td><td>×××工程</td><td>交底日期</td><td>××年××月××日</td></tr>
<tr><td>施工单位</td><td>××××</td><td>分项工程名称</td><td>二次结构工程</td></tr>
<tr><td>交底提要</td><td colspan="3">加气混凝土砌块砌筑</td></tr>
</table>

交底内容：

工程砌体采用加气混凝土砌块，层高 2.9m，强度为 A5.0，密度等级 B06，砌筑砂浆采用预拌砂浆，强度为 MU10，墙体拉结筋采用 ϕ6mm。见图 16-1。

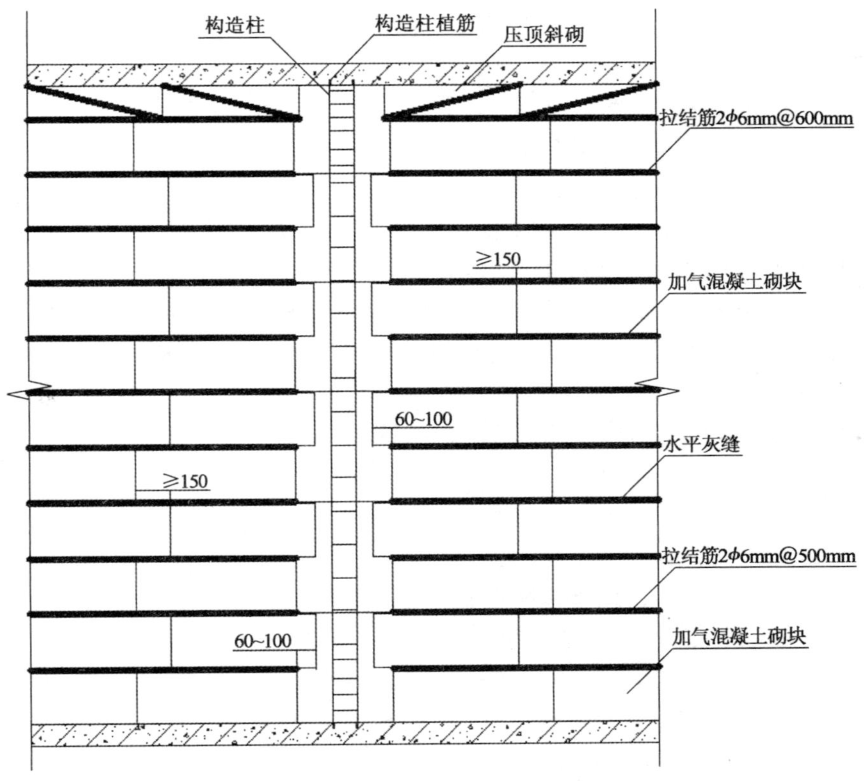

图 16-1　加气混凝土砌块示意图(尺寸单位:mm)

一、施工准备

(1)材料准备：加气混凝土砌块规格为 600mm×200mm×240mm、钢筋 ϕ6mm、预拌砂浆。

(2)机具准备：无齿锯、手推车、大铲、瓦刀、托线板、线坠、卷尺、靠尺、橡皮锤、皮数杆、灰桶、扫帚等。

二、作业条件

(1)加气混凝土砌块已复试合格。

(2)植筋已经完成并经过验收合格。

(3)砌筑前,在厨房、卫生间部位浇筑150mm高混凝土坎台。

(4)砌筑前一天,将加气混凝土砌块浇水润湿。

三、施工工艺

1. 工艺流程

弹线→排砖→砌筑。

2. 弹线

砌筑前,在基层上弹出纵横墙轴线、边线、门窗洞口位置线及其他尺寸线。且在结构墙、柱上弹好500mm高程水平线。

3. 排砖

砌筑时,按墙实际尺寸和砌块的规格,进行排列摆块,不够整块时可以锯割成需要的尺寸,但不得小于200mm(砌块长度的1/3)。

4. 砌加气混凝土砌块

(1)砌筑时,上下皮砌块的竖向灰缝应相互错开,相互错开长度不小于1/3mm,转角处相互咬砌搭接。灰缝不应超过15mm。

(2)砌筑水平灰缝应均匀铺在下皮砌块表面上,垂直灰缝可先抹在砌块端面,上墙后用橡皮锤轻击砌块,使砂浆能从灰缝中挤出,灰缝应横平竖直,砂浆饱满,随砌筑随勾缝。

(3)砌筑在构造柱处,留设马牙槎,进退尺寸控制在60~100mm,先退后进。

(4)砌筑施工过程中应按要求高度留设封口砖。且应至少间隔14d后,再用砌块斜砌挤紧,砂浆应饱满密实。

(5)加气混凝土砌块墙每天砌筑高度不宜超过1.5m。

四、质量标准

1. 主控项目

砌体与主体结构可靠连接,连接构造应符合设计要求。每一道墙体与柱拉结筋的位置超过一皮砌块高度的数量不得多于一处。

2. 一般项目

墙体尺寸、位置允许偏差及检验方法应符合表16-1的规定。

墙体尺寸、位置允许偏差及检验方法 表16-1

项次	项目	允许偏差(mm)	检验方法
1	轴线位置	10	用尺检查
2	垂直度	5	用2m托线板或吊线、尺检查
3	表面平整	8	用2m靠尺、塞尺检查
4	外墙上、下窗口偏移	20	用经纬仪或吊线检查
5	门窗洞口高、宽	±10	用尺检查

五、安全绿色施工措施

(1)进入现场人员必须戴好安全帽,操作工人必须佩戴劳动保护用具。

(2)墙身砌体高度超过楼地面1.2m以上时,应搭设脚手架,且验收合格。

(3)脚手架上堆料量不得超过2层,同一块脚手板上操作人员不应超过2人。

(4)使用无齿锯时必须使用漏电保护器,不使用时应切断电源。

(5)砌块在装运过程中,轻装轻放,分别码放整齐,砌块码放高度不得超过2m。

(6)砌筑砂浆余料、砌块碎块等应集中处理,及时外运。

审核人		交底人		接受交底人	

注:1. 本表由施工单位填写,交底单位与接受交底单位各存一份。

2. 当作分项工程施工技术交底时,应填写“分项工程名称”栏,其他技术交底可不填写。